Happy · Health · Vitality · Life · Beauty · Love ...
U0932223

Happy · Health · Vitality · Life · Beauty · Love ...

好生活百事通系列

居家花草健康事典

《好生活百事通》编委会 编著

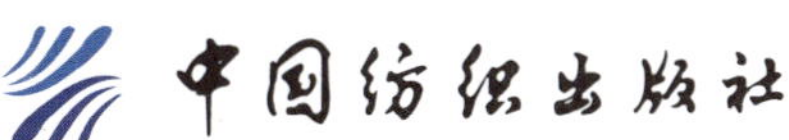

CONTENTS 目录

第一章 认识花卉及花卉生长的要素

第二章
掌握花卉种植的技能

第三章 不同观赏角度及季节花卉的选择

第四章 浪漫居家生活中的花卉选择

第五章 易种易活的花草

第六章 居家花草有妙用

第七章 家庭开运花草为您带来好运

第八章 有毒花草谨慎养

第一章

认识花卉及花卉生长的要素

花卉是最美丽的自然产物之一，它总能给人们带来美的享受。通常，人们会把种花、养花当成是调剂生活的重要活动，主要是因为种花、养花可以使人心情愉快、身体健康。因此，对于那些喜爱种花、养花的人来说，想要真正地懂花就要了解更多花卉种养方面的知识。那么，现在你还等什么，赶快来了解种花、养花方面的知识吧！

ChuShi HuaHui

初识花卉

花卉的组成

花卉按照其组成部分可以分为完全花和不完全花。如果一朵花是由花梗、花托、花萼、花冠、花蕊五部分组成的，即称之为完全花；缺少其中的任何一部分或几部分，都被称为不完全花。下面就让我们来认识一下花卉的各个部位吧！

花梗

花梗是指生长在茎上的短柄，它是茎和花相连的通道，起着支持和输送水分、营养的作用。花梗的长短因花卉而异。

花托

花梗顶端膨大的部分叫花托。花萼、花冠、雄蕊、雌蕊各部分依次由外至内呈轮状排列于花托上。花托有各种各样的形状。

花被

花被包括花萼和花冠。花萼通常为绿色，由若干萼片组成，位于花的最外轮。花冠在花萼的内轮，由花瓣组成。花卉的花萼和花瓣的形态千姿百态，它们的颜色、形状、大小及层次的变化很大，是花的主要观赏部分。

花蕊

花蕊分为雄蕊和雌蕊。雌蕊位于花的中央部分，由柱头、花柱和子房三部分组成。柱头在雌蕊的前端，是接受花粉的部位。柱头分泌黏液，具有黏着花粉粒和促进花粉粒萌发的作用。雄蕊由花丝和花药两部分组成，位于花冠的内轮。花丝细长呈柄状，起着支持花药的作用；花药呈囊状或双唇状，长在花丝的顶端，是生成花粉粒的地方。

花卉的分类

花卉的品种有很多，根据不同的生长特征和价值可以划分出很多种类。本书中，我们根据花卉的形态、观赏部位、用途及生活习性对其进行了分类。通过这些类别，读者可以认识花卉的生长习性和性情，有助于家庭栽培和管理。

按照形态特征分类

草本花卉

草本花卉的茎和木质部不发达，支持力较弱，被称为草质茎。草本花卉按照生育期长短不同，可分为一年生、二年生和多年生几种；另外还可分为宿根花卉、球根花卉、水生花卉、多肉类花卉以及地被和草坪植物。

◎一年生、二年生草本花卉：主要是指植物从种子到种子的生命周期在一年之内，春季播种秋季采种，或于秋季播种至第二年春末采种。根据其耐寒性，可分为耐寒、半耐寒及不耐寒三类。不耐寒者在北方多为春播，但在南方多为秋播或冬播。耐寒及半耐寒的品种在北方多为秋播，但在南方多作春播，如百日草、凤仙花、三色堇、金盏菊等。另外有些多年生草本花卉，如雏菊、金鱼草、石竹等，也常作一年生、二年生栽培。

◎多年生草本花卉：其特征为无明显的休眠期，四季长青，地下为肉质须根系，南方多露天栽培，在北方均作为温室花卉培养，如吊兰、万年青、君子兰、文竹等。

↑多年生草本花卉——文竹

◎ 球根花卉：本类植物包括地下部分肥大呈球状或块状的多年生草本花卉。按形态特征又将其分为以下五类：

球茎类：地下茎呈球形或扁球形，外被革质外皮，内部实心，质地坚硬，顶部有肥大的顶芽，侧芽不发达，如唐菖蒲、仙客来、小苍兰等。

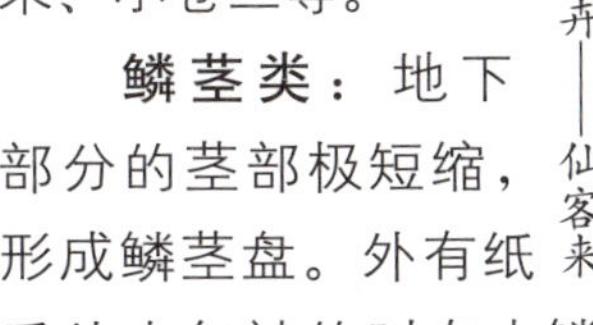

→球根花卉——仙客来

鳞茎类：地下部分的茎部极短缩，形成鳞茎盘。外有纸质外皮包被的叫有皮鳞茎，如水仙、朱顶红、郁金香等；在鳞片的外面没有外皮包被的叫无皮鳞茎，如百合等。

块茎类：地下茎呈不规则的块状或条状，新芽着生在块茎的芽眼上，须根着生无规律，如马蹄莲、大岩桐、花叶芋等。

根茎类：地下茎肥大呈根状，肉质，有分枝，具有明显的节，每节有侧芽和根，每个分枝的顶端为生长点，须根自节部簇生而出，如美人蕉、德国鸢尾、玉簪等。

块根类：主根膨大呈块状，外被革质厚皮，新芽着生在根颈部分，根系从块根的末端生出，如大丽花、花毛茛等。

◎宿根花卉：本类包括冬季地上部分枯死、根系在土壤中宿存、来年春暖后重新萌发生长的多年生落叶草本花卉，如菊花、芍药、蜀葵、耧斗菜、落新妇等。

←宿根花卉——菊花

◎多肉类花卉：多原产于热带半荒漠地区，其茎部多变态成扇状、片状、球状或多形柱状，叶则变态成针刺状，茎内多汁并能贮存大量水分，以适应干旱的环境条件。本类花卉按照植物学的分类方法，大致可分为以下两种。

仙人掌类：均属于仙人掌科植物，用于花卉栽培的主要有仙人柱属、仙人掌属、昙花属、蟹爪属等21个属的植物。

多肉植物类：是除仙人掌之外的其他科的多肉植物的统称，分别属于十几个科。

◎水生花卉：属多年生宿根草本植物，地下部分多肥大呈块状，除王莲外，均为落叶植物。它们都生长在浅水或沼泽地上，在栽培技术上有明显的独特性，如荷花、睡莲、石菖蒲、凤眼莲等。

←水生花卉——荷花

◎蕨类植物：属多年生草本植物，多为常绿植物，其生活史分有性世代和无时代，不开花，也不产生种子，依靠孢子进行繁殖，如肾蕨、铁线草等。

↑蕨类植物——肾蕨

◎地被和草坪植物：一般用于园林建设，绿化、美化城市和改善生活环境。草坪植物按照形态特征可分为宽叶类（如结缕草、假俭草等）和狭叶类（如红顶草、早熟禾、野牛草等）；按照其对温度的要求不同又可分为冷地型草坪植物（如匍茎剪股颖、草地早熟禾、小羊胡子草等）和暖地型草坪植物（如结缕草、马尼拉草、细叶结缕草等）。地被植物有很多种，其中包括木本地被植物、草本地被植物和蕨类。其中草本地被植物又以球根类为多，在这里就不详细做介绍了。蕨类地被植物常在林下附地生长，如贯众、铁线蕨、凤尾蕨等，是园林绿地下地被的好材料。

↑地被和草坪植物——铁线蕨

地被植物按应用范围可分为空旷地被植物、岩石地被植物、坡地地被植物、林缘及林下地被植物。

木本花卉

木本花卉的茎，木质部较发达，称木质茎。木本花卉主要包括乔木、灌木、藤本、竹类四种类型。乔木的主干与枝干区分明显，有常绿乔木和落叶乔木两种。灌木没有主干与枝干之分，且大多有聚多干的特征，又分常绿灌木及落叶灌木两种。

◎落叶木本植物：大多原产于暖温带、温带和亚寒带地区，按其性状又可分为以下三类。

落叶乔木类：地上有明显的主干，侧枝从主干上发出，植株直立、高大，如鹅掌楸、悬铃木、紫薇、樱花、海棠、梅花等。再分细一点儿，还可以根据其树体大小分为大乔木、中乔木和小乔木。

←落叶木本植物——梅花

落叶灌木类：地上部无明显主干和侧枝，多呈丛状生长，如月季、牡丹、迎春、绣线菊类等。其亦可按树体大小分为大灌木、中灌木和小灌木。

落叶藤本类：地上部分不能直立生长，茎蔓攀缘在其他物体上，如葡萄、紫藤、凌霄、木香等。

◎常绿木本植物：大多原产于热带和亚热带地区，也有一小部分原产于暖温带地区，有的呈半常绿状态。在我国华南、西南的部分地区可露天越冬，有的在华东、华中也能露天栽培。在长江流域以北地区则多数为温室栽培。常绿木本植物按其性状又可分为以下四类。

↑常绿木本植物——桂花

常绿乔木类：四季常青，树体高大。其又可分为阔叶常绿乔木和针叶常绿乔木。阔叶类多为暖温带或亚热带树种，针叶类在温带及寒温带亦有广泛分布。前者如云南山茶、白兰花、橡皮树、棕榈、广玉兰、桂花等，后者有白皮松、华山松、雪松、五针松、柳杉等。

常绿灌木类：地上茎丛生，或无明显的主干，多数为热带及温带原产，不少还需酸性土壤，如杜鹃、山茶、含笑、栀子、茉莉、黄杨等。

常绿亚灌木类：地上主枝半木质化，髓部多中空，寿命较短，株形介于草本与灌木之间，如八仙花、天竺葵、倒挂金钟等。

常绿藤本植物：株丛多不能自然直立生长，茎蔓需攀缘在其他物体上或匍匐在地面上，如常春藤、络石、非洲凌霄、龙吐珠等。

◎竹类：竹类是园林植物中的特殊分支，它在形态特征、生长繁殖等方面与树木不同，其在园林绿化中的地位及其在造园中的作用，也非树木所能取代。根据其地下茎的生长特性，又有丛生竹、散生竹、混生竹之分。常见栽培的有佛肚竹、凤尾竹、孝顺竹、茶秆竹、紫竹、刚竹等。

↑竹类——凤尾竹

按照观赏部位分类

按照观赏部位分类，花卉可分为观花类、观叶类、观果类和观茎类、观芽类五种。

观花类花卉一般以观赏花色、花形为主，如菊花、芹叶牡丹等；观叶类花卉以观赏叶色、叶形为主，如叶木、龟背竹等；观果类花卉以观赏果实为主，如金橘、佛手等；观茎类花卉以观赏茎干为主，如佛肚竹、山影拳等；观芽类花卉以观赏芽为主，如银柳等。

↑观花类花卉——芹叶牡丹

按照对日照强度的要求分类

按照花卉对日照强度的要求不同，可将其分为阳性花卉、阴性花卉和中性花卉三种。阳性花卉喜光不喜阴，在充足的光照下才能健康生长，如桃花、月季、菊花等。阴性花卉适于光照不足或散射光的条件下生长，在强光下叶子会逐渐发黄、枯萎，如文竹、吊兰等。中性花卉在光照比较充足或较暗的条件下均生长良好，如绣球、南天竹等。

按照对水分的要求分类

按照花卉对水分的需求不同，可分为旱生花卉、润土花卉、湿土花卉和水生花卉四种。

旱生花卉

↑旱生花卉——仙人球

其耐旱性极强，能够长时间在空气和土壤都缺水的条件下生长。为了适应干旱的环境，它们的叶片往往都已退化成刺状或针状，主干肉质化，表皮厚重，细孔下陷，根系发达，能够吸收土壤深处的水分。这类花卉一般为仙人掌科和景天科，如仙人掌、仙人球、景天、石莲花等。

润土花卉

介于旱生花卉和湿生花卉之间，只有在潮湿的条件下才能生长良好。

一般家庭所种植的花卉大多属于这种，只要适当浇水、松土便能成活。如三色堇、波斯菊、月季、大丽花等。

湿生花卉

耐旱性较差，需要种植在水分较多的地方，这就要求土壤和空气都要含有较多的水分，一般为热带花卉，如海芋、龟背竹、广东万年青等。

↑湿生花卉——广东万年青

水生花卉

需要在水中生活，它们的根或茎一般都具有发达的通气组织，并与外界互相通气，吸收氧气以供给根系，能够在水供氧不足的条件下生长，不易腐烂，不耐旱，如荷花、睡莲、水仙等。

↑水生花卉——水仙

按照栽培目的和用途分类

按照栽培目的和用途分类，花卉可分为室内花卉（如君子兰、竹芋等），切花花卉（如香石竹、马蹄莲等），庭院花卉（如月季、丁香等），药用花卉（如月见草、金银花等），香料花卉（如玫瑰、茉莉等），食用花卉（如百合、芍药等）。

←可食用的花卉——百合

如何挑选花卉

根据空间选择花卉种类

挑选花卉应根据居住情况、家庭健康状况和个人爱好进行选购。一般家庭养花都以观赏类为主，体积不宜过大，也不宜养太多。如果你的房间在阴面，照不到太阳，宜选择阴性或中性品种，如万年青、兰花、龟背竹、君子兰等；如果你的房间处在阳面，则应选择阳性的观花品种，将其摆放在向阳面，让其接受足够的日照。

如果打算在阳台上养花，就要选择种植一些喜光、耐旱的花卉。因为阳台的面积较大，空气流通较快、干燥、光照充足，可以在阳台上种植藤本花卉，如茑萝、牵牛花、葡萄、五叶地锦等，并可设花架摆放月季、石榴、米兰、茉莉和盆景等。阳台顶部可以悬挂耐阴的吊兰及蕨类植物，阳台后部为半阴环境，可以摆放南天竹、君子兰等。凹式阳台仅一面外露，通风条件差，可以在两侧墙面搭上梯形花架，摆设花卉。

↑阳台光照充足，适宜种养喜阳的花卉。

装饰卧室应选择洁净、素雅的观叶类花卉，不要在卧室内摆放过多观花类花卉。因为花期时卧室空气中容易飘散大量花粉，如果关闭门窗睡觉，很容易导致花粉过敏。另外，不宜在卧室中养殖过于高大或带有针刺的植物。卧室中适宜摆放巴西木、鹅掌柴、龟背竹、绿巨人、散尾葵、棕竹、吊兰、绿萝、文竹、君子兰等，这些花木较耐阴，只需弱光或散射光就能正常生长。

↓卧室宜摆放洁净、素雅的花卉。

布置客厅或门厅应当以美观大方为主，色调不宜过杂，最好与室内风格保持统一。可以选择一些较大的观叶类花卉摆放在墙角，如发财树、散尾葵、棕竹、袖珍椰子及蕨类植物等。在向阳的地方则可以摆放一些观花类花卉，如米兰、扶桑、月季、白兰花、金橘、山茶花、杜鹃花、栀子花、含笑等。

假如室内空间较小，最好选择小型盆花及悬垂植物，如文竹、仙客来、微型月季、非洲紫罗兰、条纹十二卷、生石花、虎耳草、吊竹梅等，既可以美化家庭环境，又不会占用过多的空间。

此外，根据空间选择花卉时，切记不要大空间放小花卉或者小空间放大花卉，应在比例上协调。

根据季节选择花卉种类

春天以观花类花卉为主，如茶花、杜鹃、梅花、洋水仙、迎春等，配些观叶植物和山石盆景。

↑春季花卉——茶花

夏天以香花植物和冷色系花卉为主，如白兰、米兰、茉莉、鸢尾、八仙花等，配些观叶植物和草本花卉。

↑夏季花卉——米兰

秋天以观果植物为主，如石榴、火棘、金橘、代代、盆栽葡萄等，配些彩叶植物，如枫香、一品红、三角枫、红枫、羽毛枫、银杏、洒金桃叶珊瑚等，还可配些草本花卉和树桩盆景。

↑秋季花卉——一品红

↓冬季花卉——君子兰

冬天以观叶植物为主，配些时令花卉和山石盆景，观叶植物要选择四季常青、耐寒性较强的种类，如苏铁、棕竹、散尾葵、橡皮树、巴西木、春羽、一叶兰、吊兰等。时令花卉有仙客来、君子兰、朱顶红、瓜叶菊、报春花、水仙等。

倘若需要净化夜间室内的空气，应选择多浆植物，如仙人掌、仙人球、山影拳、蟹爪兰、燕子掌等，这些植物夜间能吸收二氧化碳并释放出氧气，且耐干旱，四季常青，但不耐寒，只要夏季避免烈日暴晒，冬季保暖防寒，盆土保持偏干些，就可正常生长。

根据人群选择花卉种类

初学者养花

缺乏养花经验的初学养花者，最好不要买花卉小苗和落叶苗木。选购盆栽花卉时，以上盆时间较长的盆花为好。上盆不久的花卉，因根系受损，容易受到细菌的侵入，如果养护不当，会影响花卉的成活和生长。

为了运输方便，花商从外地买进的花木，多不带土球或土球很小。若买带土球的花卉，要注意土球是否过小，是不是泥土包的假土球。一般随花带的土球土壤不太板结，土内的根系发达，有幼嫩根，这样的花卉才能买。若发现土球松散，花卉根部发黑，须根少，这样的花苗栽下后就很难成活，千万不要买。在买橡皮树、白兰、含笑、米兰、五针松等常绿花木时，一定要带土球，否则买回去也难以养活。凡不带土球的花木，一般都是落叶花卉。买时以裸根根系好、须根多、颜色呈浅黄色的为宜，最好不要选已经发叶或带花蕾的，因为已发叶或形成花蕾的植株栽种后不容易成活。

老年人养花

老年人养花既能调节心情，又能美化环境，还能将闲暇的时间充分利用起来，可谓一举多得。但是老年人养花要慎重挑选，一定要选择易种易活、不费事的，最重要的是对身体有益。下面介绍几种适合老年人种植的花卉，可以作为挑选花卉时的参考。

◎春兰：常年青翠，具有含蓄之美。花味清香而不浊，醇正而幽远，一枝在室，使整个书斋更添诗情画意，让人心胸豁然开朗。

◎石斛兰：青翠的叶片，鲜艳夺目的花朵，显得亲切可爱。其花枝具有秉性刚强、祥和可亲的气质，有“父亲节之花”的美称。

◎菊花：自古以来被视为高风亮节、清雅洁身的象征。寓意高洁、长寿，适合情趣高雅的老人培植。

◎大花蕙兰：是高贵和富有的象征，常用于歌颂品德高尚和知识渊博的老者。

↑大花蕙兰

◎牡丹：是幸福美好、繁荣昌盛的象征。可以在院落、阳台上盆栽几株，花开时娇艳夺目、妩媚动人，有享受“富贵荣华”之趣。

◎君子兰：是一种花、叶、果皆美的观赏花卉，易栽、易长、易开花，被称为有顽强生命力的“长命花”，能使老人在心理上产生一种和谐、吉祥的美好情感。

◎仙客来：优美的花姿、吉祥的名字，可谓人见人爱。栽培几盆仙客来，馈赠亲朋好友，祝愿其事业有成、合家欢乐，是老人最高兴做的事。

◎蟹爪兰：花朵娇柔婀娜、明丽动人，开花时又有“锦上添花”、“鸿运当头”的说法，特别受老年人喜爱和赞美。

◎长寿花：栽培容易，花期长，耐干旱，加上花名吉祥，是最适合老年人养护的花卉之一，还可作为礼品馈赠，有“福寿康宁”之意。

↑常春藤

◎常春藤：蔓枝密叶，叶色多彩，耐阴性好，悬挂装点居室，显得清新飘逸，充满青春活力，有“青春常驻”之意。

◎非洲堇：植株小巧玲珑，花色斑斓，极富诗意，经常被用作窗台饰物，一年四季开花不断，寓意“永恒的美”，是老年人比较喜爱和栽培比较普遍的花卉。

◎金银花：茎叶及花可入药代茶，欣赏之余，摘花泡茶，有清热、解毒、通络之功效。常言道：“雅室何须大，花香不在多。”老年人如果能将一些花草放在室内，那种绿叶繁花，四季常青的景象，可谓是春意盎然，生机勃勃。

◎百合：花形淡雅，鳞茎与花皆可入药，有镇咳、平惊、润肺的功效。

◎人参：人参一年之中可观赏三季。春季，所萌发的嫩芽向下弯曲，犹如初出地面的豆芽，惹人怜爱。夏季，伞形花序上开满白色、绿色的花朵。秋季，粒粒红果映着翠绿的叶子让人心生怜爱，真可谓集美丽与优雅于一身。更为重要的是，人参的根、叶、花、种子都能入药，对强身健体、调理机能有着很好的功效。

Hua Hui Sheng Zhang De Wu Da Yao Su

花卉生长的5大要素

土壤和基质要肥沃

土壤

土壤是花草赖以生存的基础，它能稳住花草的根部，通过根系供给茎、叶、花、果充足的养分和水分。养花的土壤要疏松、肥沃、排水透气性能好、富含有机质、干后不裂，且酸碱度适中。土壤的种类有很多，其结构、质地、肥力、酸碱度等因素都直接影响着花卉生长的优劣。

土壤的分类

◎壤土：壤土是最好的花卉养殖土壤，它的颗粒大小适中，储存水分和肥料的能力强，含有较多有机质，昼夜温差稳定，适合大多数花卉生长。

↑壤土

◎黏土：黏土的颗粒小，密度较大，透气性和排水性都比较差，但保水性能很强。含有大量的矿物质和有机质，保肥性强。土壤昼夜温差小，但是增温较慢，不利于幼苗的生长，所以一般不单独使用。

↑黏土

◎沙土：沙土的颗粒较大，透气排水性强，但是不能长时间保住水分。沙土的温度变化较快，会随昼夜温差而迅速增减温度，营养含量少，一般会作为配制培养土的成分使用，扦插和栽培幼苗可以选用沙土。

↑沙土

◎堆肥土：堆肥土是用植物的残枝枯叶、人畜粪尿等堆积在一起形成的，一般要经过2～3年才能堆制出良好的堆肥土。其含有丰富的腐殖质和营养元素，是使用较为广泛的基质。但是堆肥土中含有较多虫卵和有害物质，使用前要进行消毒。

↑堆肥土

◎腐叶土：腐叶土是由阔叶树的落叶在阔叶树下经过2～3年自然堆积腐熟而成。含有丰富的腐殖质，土质疏松、透气、排水性良好。使用时要筛去质地较大的颗粒，未完全腐熟的腐叶土不能使用。

↑腐叶土

土壤中的营养

◎有机质：土壤中的有机质是土壤养分的主要来源，其在土壤微生物的作用下，可分解并释放植物生长所需要的多种宏量元素和微量元素。有机质含量高的土壤肥力充足而且物理性能也好，有利于花木生长。土壤的透气情况、温度高低、含水量大小也都直接影响着花木根部的呼吸、养分的吸收及微生物的转化。

◎酸碱度：土壤的酸碱度决定土壤的微生物活动及理化性质，其不仅直接影响营养物质的吸收和花卉的生长，同时还能左右土壤中各种养分的有效性。

通常土壤酸碱性划分值为：

pH值<5.5为强酸性土壤。

5.5≤pH值<6.5为酸性土壤。

6.5≤pH值<7.5为中性土壤。

7.5≤pH值<8.5为碱性土壤。

8.5≤pH值<9.5为强碱性土壤。

不同的花卉品种对土壤的pH值的要求不同。大多数花木均适宜中性土壤，而兰科、杜鹃花科、凤梨科等花木要求pH值在6以下的微酸性土壤，柽柳、油松、金盏菊、宿根福禄考等适宜在pH值为7.5以上的碱性土壤中生长。家养花卉大多数都适宜酸性或微酸性土壤。另外，pH值对一些花卉的颜色也有一定的作用，通常，pH值低时花色为冷色调，pH值高时花色则为暖色调。

基质

盆栽基质常用于无土栽培或者混合土壤使用。基质具有良好的透气、吸水性，还含有大量的微量元素，与土壤混合使用能够供给花卉所需的营养元素，有利于花卉的生长。在日常养殖中，常见的基质大约有以下几种。

◎陶土粒：是陶土经过1000℃的高温下烧制而成的颗粒。陶土粒为白色或浅褐色，颗粒比陶粒稍大，排水透气性好，常作为盆栽花卉的上层辅料使用。

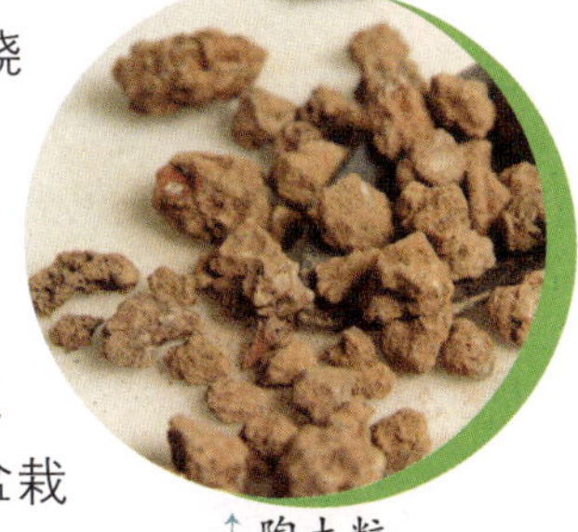

↑陶土粒

◎蛭石：蛭石是盐酸材料经过1000℃高温焙烧形成的高膨胀物质。其轻质、保温、隔热、保水性能好，还含有微量的钾、钙、镁，被广泛用于环保、农牧业和园艺领域。但是蛭石的密度较高，排水透气性差，所以一般被用于做辅料。

↑蛭石

◎岩棉：岩棉是一种用天然矿石、矿渣等制成的无机纤维材料，空隙较多，有良好的保水性，能够中和土壤的酸碱度。

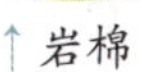

↑岩棉

◎泥炭：泥炭是低湿湖泽地带的植物被埋藏在地下，在水淹或缺少空气的条件下分解不完全而形成的特殊有机物，多呈黑色或深褐色，风干后易破碎。质地松软，透水透气性及保水性好，含有腐殖质，pH值为4.5～6.5，含有氮、磷、钾、钙、锰、锌、铜、硼、钼等营养元素。泥炭的成分差异很大，其过高的钙、镁、铝离子和过低的pH值会给花卉带来伤害，所以不能直接使用，只能作为辅料。

↑泥炭

◎陶粒：陶粒是由黏土烧制而成的带有微孔的圆形颗粒，具有一定的机械强度，吸水、透气、保肥能力强。陶粒含有氮、磷、钾、钙、镁、硫、硅、铁、锰、锌、铜等多种营养元素，干燥状态下没有粉尘，泡水后不会解体、结板，是优良的盆栽土辅料。

↑陶粒

◎珍珠岩和煤末：珍珠岩和煤末作为培土添加物使用，可以有效改善盆土的物理性能，能够使土壤变得疏松、透气、保水，有利于花草生长。

↑珍珠岩

◎锯末屑：锯末屑表面粗糙，孔隙大，重量轻，保水力强。疏松透气、排水性与保肥性强。它还可以分解成有机酸，改良碱性土壤。

↑锯木屑

◎蚯蚓粪：蚯蚓粪呈黑色颗粒状，含氮、磷、钾、有机质、腐殖质等营养元素，pH值为7。干净、无异味、透气、保水保肥性好，肥力持续时间长。

◎椰糠：椰糠为椰子果实加工后的废料，是热带植物和观叶植物的良好栽培基质，具有良好的保水透气和保肥性能，多用以配合河沙使用。

◎炭化谷壳和火山灰：炭化谷壳是谷壳在未完全燃烧时用冷水浇灭后形成的物质。火山灰是火山喷发时形成的岩石物质。这两种物质排水性均好，质地疏松，可以与其他物质配合使用。

肥料不可少

氮、磷、钾是盆栽花卉不可缺少的重要营养元素，氮可以使花卉多长叶片，颜色变绿，花芽分化。磷可以促使花卉开花，球根发达膨大，多结果。钾可以使花卉茎枝粗壮，根系发达，花香花艳，增强其抗病、抗寒、抗旱能力。

↑化肥

其次是钙、铁、硫、镁、硼、锰、铜、锌、钴、碳、氢、氧，其中碳、氢、氧可以从水和空气中得到，其余元素则需要从土壤中吸收。盆栽花卉的营养供应只局限于花盆中那一小块土壤，氮、磷、钾的供应量可能远远小于花卉所需的量，这就要求我们通过施肥来为盆栽补充营养。

水分需充足

水分是花卉维持生命的必要物质，花卉生长所需的营养物质大部分是通过水中溶解的物质而吸收的。光合作用也是在有充足水分的情况下进行的。另外，花卉还要依靠水分并通过叶片的蒸腾作用来调节植物体的温度，同时减少生理病害的发生。可见，由于水分的存在，花木才能呈直立、饱满、挺拔的状态。通常，植物中含有大量的水分，尤其是草本花卉，含水量为植株重量的70%～80%，木本植物则达至50%。

给花浇水要选用正确的方法。花卉的种类不同、环境气候不同、生长时期不同，需水状况也不尽相同。一般情况下，木本植物要少浇水，草本花卉要多浇水；室内的花卉要少浇水，室外的花卉要多浇水；天气热时要多浇水，天气寒冷时要少浇水；种子萌芽时要多浇水；幼苗时要保持湿润，水分不宜过大；成株后，水分蒸发较快，花卉需水量较大，要多浇水；进入花期或结果时要减少水分，湿度也要降低，否则会缩短花期，使花朵和果实提前脱落。不同的花卉品种对水分及湿度的需求也不同，如荷花、睡莲等要在水中生长；热带兰要求较大的湿度；仙人掌类、景天类花木则不需要过多水分；叶面有细毛的花卉不宜使叶面潮湿，否则会造成叶子腐烂。

水分的多少对花色也有很大影响。水分越多花色越浅，水分越少花色越深。花芽分化时水分不足会影响花芽的形成，而水分过多则会造成花木徒长，抑制花芽分化。一般来说，在花芽分化期要控制水分，使花木生长受到抑制，从而达到促进花芽分化的目的。

给花卉浇水时，要在土壤较为干燥时进行，将土壤一次性浇透，以有水从盆底流出为宜。浇水的时间因季节而异。夏季一般宜选在早晨8时及下午5时左右进行；冬季则应在中午（上午10时至下午2时）气温较高时进行为佳；春、秋两季则可随时进行。浇水的频率应以春秋每日1次，夏天每日2次，冬天1～2日1次为宜。

如果夏季浇水时，室外的温度特别高，在浇水前务必将花移至阴凉处，并往叶面上喷洒水，待盆土温度降低后再行浇水，这样花就不会因为突然的水刺激而受到伤害发生枯死。

↑给花卉浇水时，方法一定要得当。

温度要适宜

温度是影响花卉生长发育的重要因素之一，每一种花卉都有自己的温度要求和极限，只有在适宜的温度范围内，花卉才能正常生长、开花，否则花卉便可能可能会受到损伤或死亡。除了花卉的种类外，花卉的生长期不同对温度的要求也是不同的。一般来说，花卉生长最好的温度条件是昼夜温差在花卉生长的适宜温度范围内，而且其温度能使花卉在白天进行充分的光合作用，夜间能维持微弱的呼吸。其温度使花卉的养分消耗愈少愈好。一般原产温带花卉昼夜温差以5℃～7℃为佳。

根据对低温的承受能力大小，花卉可以分为以下几种。

耐寒花卉

此类花卉一般为原产寒带及温带的二年生花卉、宿根花卉及在我国寒冷地区能露地过冬的花卉。一般情况下，能耐0℃左右的温度，有少部分花木能耐－10℃～－15℃的低温，如萱草、金鱼草、丁香、紫薇、金银花、玉簪等。

↑耐寒花卉——萱草

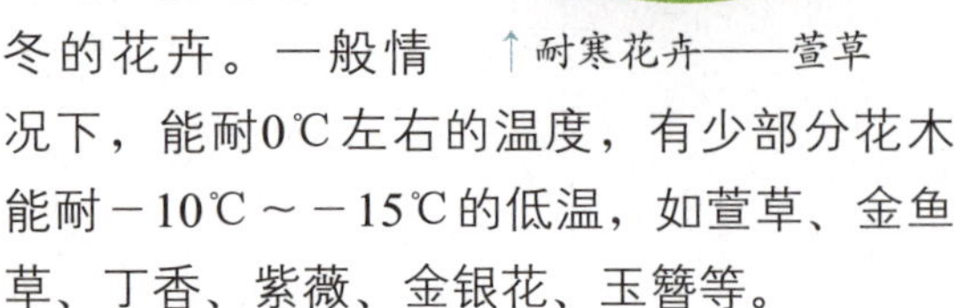

半耐寒花卉

此类花卉多是原产温带较暖地区的花卉，一般能忍耐－5℃左右的低温。在我国南方其可以露天安全过冬，在北方必须移入室内或地窖内越冬，如金盏菊、紫罗兰、菊花、月季、芍药、梅花、仙客来、龙柏等。

↑半耐寒花卉——仙客来

不耐寒花卉

此类花卉原产热带及亚热带地区，一般不能耐受0℃以下的低温，必须要移入温室内过冬，故又称温室花卉，如小苍兰、文竹、报春花、天竺葵等。

↑不耐寒花卉——文竹

有些花朵的不同部位耐寒性也有所不同，其能力从大到小的顺序是：根、根茎、枝、叶、芽。所以经常有茎枝冻死后，第二年又从根部重新萌生新植株的现象。

光照要足够

光照情况决定着花卉的生长和发育是否健康，只有在光合作用下，植物才能获取足够的有机物，所以光照条件直接影响着植物的生长状况。

光照的强弱、长短随地理位置、地势高低、季节、天气阴晴等变化而有所不同。光照随纬度的增加而减弱，随海拔的升高而增强。夏季光照的时间最长，而且光照强度在一年中最强。冬季光照时间短，而且较弱；一日之中，午时光照最强，清晨、黄昏光照强度较弱。

按常理来说，光照越充足，植物形成的碳水化合物就越多，花卉长得就越健康。但是，也不是阳光越强越好！一般花卉适宜在全光照50%～70%的条件下生长发育，如果接受日光少于全光照的50%，花卉就会生长不良；如果超过全光照的70%，也会抑制花木的生长发育。冬季在室内，若较长时间光照不足，会造成植株徒长，节间距离加长，开花品种的花卉着花少、花色淡。另外，有香味的花花香淡薄，花木分蘖能力差，而且抵抗能力减弱，易染病虫害等。

不同花卉有不同的光照需求

不同的花卉对于光照的需求是不同的。一般家庭养殖的花卉需要充足的阳光才能生长旺盛、花叶繁茂，而宿根花卉玉簪只有在半阴的条件下才能生长良好，如果光照过强反而会使其生长、开花受到抑制。光照的强弱还会影响花卉叶片的大小、厚薄，茎干的粗细，节间的长短，以及花色和叶色的深浅。一般情况下，喜阳的花卉，光照较强的部分生长比较茂盛，着花繁密，颜色也比较深，而光照较弱的部分则相对生长得差一些。所以在养殖花卉时，要经常转动花盆，让花卉的每个角度都能享受到充足的阳光。另外，花卉不宜在阳光下暴晒，适当接受光照即可。而且不同的花适宜于不同强度的光照，要根据花卉的品种选择光照，如半支莲、酢浆草是在中午开花，月见草、茉莉花、晚香玉在傍晚开花，昙花则是在夜间开花。

不同花卉对光照强度的要求

阳性花卉

大多数一年生、二年生草本花卉，仙人掌类，属多浆植物，生长在温热带地区的宿根花卉也都属于阳性花卉。它们喜欢全光照，不耐阴，在充足的阳光下才能枝叶茂盛，花朵肥大，色泽鲜艳。如半支莲、鸡冠花、千日红、鼠尾掌、景天、玉兰、石榴、紫薇、合欢等。

↑阳性花卉——合欢

中性花卉

大多数花卉都属于中性花卉，它们喜欢充足的光照，但对光线强弱的要求不高。它们可以在荫蔽的地方生长，甚至开花、结果。如栀子花、八仙花、桂花、茉莉、桔梗、苏铁、天门冬等。

→中性花卉——茉莉

阴性花卉

阴性花卉一般以观叶类的花卉居多，通常强烈的光照会使它们的叶片焦枯，所以一定要放在荫蔽的室内养殖。如天南星、杜鹃、秋海棠、竹芋、荷包牡丹等。但是有些阴性花卉在寒冷的季节会变成中性花卉，比如仙客来、君子兰、倒挂金钟等，在夏天时要注意遮阳，而到了冬天则需要大量光照。

↑阴性花卉——杜鹃

不同花卉对日照时间的要求

长日照花卉

通常情况下，我们将每天需要光照时间14～16小时才能发芽开花的花卉被称为长日照花卉。如果日照时间不够则不会开花或植株矮小。如福禄考、雏菊、三色堇、鸢尾、唐菖蒲等。

↑长日照花卉——三色堇

中日照花卉

这类花卉对日照时间要求不是很高，即使光照时间不长也能够开花。一般为室内盆栽，如香石竹、月季、金边瑞香等，这类花卉只要温度适合，一年四季均能开花。

↑中日照花卉——金边瑞香

短日照花卉

此类花卉每日光照在12个小时以内，一般在秋季开花。这类花卉不宜光照时间过长，否则会延迟花期。如菊花、蟹爪兰等。

↑短日照花卉——蟹爪兰

花卉的经济用途

药用花卉

金银花、菊花、荷花、牡丹、牵牛、麦冬、鸡冠花、凤仙花、百合等为重要的药用植物。

食用花卉

花的叶或花朵可直接食用。如百合、黄花菜等既可用作绿化苗木，又可食用。

香料花卉

白兰、玫瑰、水仙花、腊梅等，既可用于提取香精，又可做欣赏花用。

专题 常用养花术语解释

植物中文名称： 中国学术界对植物的命名。

植物学名： 世界对植物的统一命名。

植物英文名： 以植物的特征加以英文来命名，与中文名称相类似。

植物别名： 古时或地方性、商业性对植物的俗称。

植物分类： 根据植物的不同性状所做的分类，比如一年生草本花、多年生草本花、木本花卉、水生植物、多肉植物、球根、灌木、乔木等。

腐叶土： 落叶堆积腐熟所形成的有机物质。具有松软、通气好、排水好的特点，常混合于其他土壤中混合使用。

山泥： 由阔叶林多年落叶层积腐朽而成的土壤，具有通气透水，保肥、保水性好的特点，适宜种兰花和君子兰。

点播： 指按一定的行距将种子播于圃地的方法。

撒播： 就是将种子均匀的播于苗床上培育的方法。

顶芽： 生长在茎条顶端部位上的嫩芽称之为顶芽。如果在生长初萌时，将其摘除则可促进侧芽的生长。

侧芽： 生长在叶片上或者下的新芽，将来会演化为植株的侧枝茎叶。

间苗： 为保证幼苗有足够的生长空间和营养面积，对拥挤禾苗进行疏除。

疏花： 多指观果花卉。由于开花数量往往超过坐果的数量，故而要进行疏花以保证坐果的质量。

花期： 指花卉的开花季节。通常播种的早晚会影响开花季节，如春天播种，花期在夏季；而夏季播种，花期则在秋季。

花冠与花序： 花冠指一朵花中所有花瓣的总称，位于花萼的上方或内方，排列成一轮或多轮，因形似王冠，故称之为“花冠”。花冠分为离瓣、合瓣两种，再具体又可分为喇叭状、长筒状、漏斗形、唇形、轮形、十字形、蝶形等花冠。而花序则是指整株植物茎干上的花朵与花朵间排列关系。一般可分为顶生单花、顶生多花、穗状花序、总状花序、伞房花序、柔荑花序等。

花径： 指花瓣边缘最远两点之间的距

离，即花朵的直径大小。

苞片：生于花苞或新芽外围的片状包裹物称为苞片。

切花：从整株花上，只取欲观赏的花朵和花茎，再以盛水的瓶钵作短期供养。

换盆：为了保持株型优美和长势长久旺盛，在结合整形修剪等项操作进行的换盆操作。

复合肥：能够促进植物生长，含有植物所需的氮、磷、钾等基本养分的复合型化学肥料。

追肥：花木生长发育期施用的肥料。

肥伤：由于施肥不当或过多，使得植株生长不良、受到伤害称之为肥伤。

剪枝：为了达到植物外形的美观，将植物的落叶、残花剪去或是将过于茂盛、枝条过长不整齐的枝条剪去，以达到理想的状况。

整枝：为了美化或者促进植株的生长，根据植物的生长方向、形状，设立支柱固定其枝条或是有技巧地施力来扭曲其原来茎干，使其生长成奇特的形状，这种工作叫做整枝。

茎干：指草本或木本植物枝条，它们多会垂直生长，这些在养分充足的情况下会变成粗粗的茎干。

叶形与叶缘：叶片面积所呈现的形状称为叶形，有椭圆形、三角形、卵形、心形、菱形、提琴形、细针形等。叶缘即叶片的周边，叶片的边缘。有全缘状、浅裂状、深裂状、波浪状、钝锯齿状、细锯齿状、不规则形，另有掌状叶、羽状复叶等。

介质：与土壤混合在一起，具有保水、保肥力的功能，亦可作固定植物根部的栽培材料，但又非土壤成分。

培养土：即栽培花木时所用的土壤，如砂土、泥炭土、腐殖质土等，可添加不同功能的介质混合调制出适合不同植物生长所需的混合性土壤。

植物生理障碍：因酸碱性、土壤成分、日照、湿度、温度、肥料、水分不当而引起的植物生长问题。

毒性：即指有些植物中的花、叶、根、茎等部位都含有一定的汁液，如果误触或误食都有可能引起身体过敏、中毒等现象，这样的植物被人们称为有毒性的植物。

段木：为了插苗或者水培之用，从茎干上截切下来一小段。

休眠：有些植物在冬季或某个季节，因自身生长特性的缘故，生长速度变缓或几乎停止，但仍存有生命迹象，这样的就称之为休眠。

Part2

第二章

掌握花卉种植的技能

种花、养花是养花爱好者的一种享受，也是对他们心情愉悦指数的一种形象诠释。对于养花者来说，无论是种花还是养花，他们都能收获一份快乐、一份温馨。然而，对于很多初次养花者来说，养好一盆花却难上加难，因为他们未必了解花的特性、花的生长环境以及花的病虫害等。那么，现在还等什么，赶快来学习掌握养花的技能吧！

Chang Jian De Hua Hui Zhong Zhi Gong Ju

常见的花卉种植工具

◎喷雾器：带有压力，用来给花卉喷洒药剂和清洗叶面。

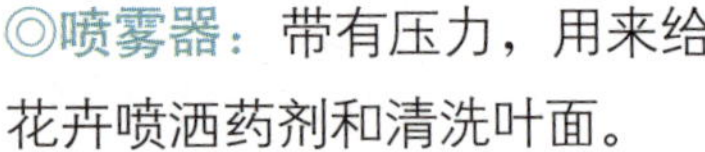

↑喷雾器

◎喷水壶：给花卉浇水用的工具。常见的有两种：一种是长嘴兼装有细眼喷头；另一种是长嘴不带有细眼喷头。给花卉浇水时，最好选用容量较大的喷水壶，可以一次将所有花卉“喂饱”，喷嘴要长一些，能够自由控制水量，如果用来浇根可用不带细眼喷头的喷水壶，喷叶面时可以用带细眼喷头的喷水壶。

↑喷水壶

◎小喷壶：市面上最常见的塑料小喷壶，准备一个给花朵喷水用。

↑小喷壶

◎长柄水勺：多用来施肥。

◎花架：有硬木花架、红木花架等，比较高贵；也有用铁架、枯树根制成各种形状的，主要用于盆花的装饰。

↑缸

◎缸或瓮：用来自制腐殖土或稀释液态有机肥。

◎盆托：垫于花盆底下作托盘，既可防止浇水过多时流到几案、地板上，同时也可起到美化装饰的作用。

◎竹签：换盆时用来弄松盆周围的泥土和剔除树根上多余的土，栽种盆树时用来插实根土，扦插枝干时用来挖出植穴，防止插穗基部受损伤。

◎园艺剪：修剪木本花卉的花枝用。

↑园艺剪

◎筛子：用来过滤和配制培养土，通常有竹制和金属制两种，根据网眼的大小分大、中、小三种。以金属制的最耐用。

◎手锯：手工锯削的工具。主要用于修剪枯枝、枯杆等。

◎嫁接刀：为花卉无性繁殖时使用。

◎挑草刀：供挑除盆内或地上的野草等用。

◎园艺铲：主要是在装盆时用来铲土、配土、拌泥，以及起苗、移植和挖坑之用。

↑园艺铲

◎袖珍园艺锄头、镐、铲子等：主要用于松土和日常料理用。

↑锄头、镐、铲子

◎凿子：用于加工树干的锯口、伤疤和用来凿挖树身，让其呈现嶙峋等形态。

Hua Hui Fan Zhi De Liang Zhong Zhong Zhi Fang Fa

花卉繁殖的两种种植方法

花卉繁殖一般分为两种：一种是有性繁殖，另一种是无性繁殖。

有性繁殖的种植方法

有性繁殖就是种子繁殖，是指用种子繁殖植物的方法。这种繁殖方法繁殖的花卉植株根系强大，生命力旺盛，适应性较强，寿命也比较长，能够在短期内得到大量植株。但是，这类花卉容易出现不同程度的变异和退化，开花、结果的时间较晚。

挑选优良的种子

种子的健康与否严重影响着花卉的生长质量，采用优良种子培育出来的花卉茁壮、美观、生长快。所以在播种前，种子的挑选是关键。通常优良种子应该具备以下条件：

◎品种优良：播种品种优良的种子才能种出想要的花卉。不要选择品种差或混有杂种的种子。

◎发育充实：发育充实的种子大而重。这种种子颗粒饱满，含有充足的养分，发芽力强，长出来的幼苗比较茁壮。

◎无虫害：种子是传播病虫害的主要途径之一，因此一定要挑选没有病虫害的种子。

◎生命力强：与陈旧的种子相比，新采下来的种子发芽率较高。不同花卉的种子有不同的寿命，时间越长的种子发芽率越低，一旦超过种子的寿命，种子将不会发芽。

播种前种子的处理方法

一般的种子都无须处理，直接播种就可以了，但是也有些特殊的花卉种子需要经过特殊处理才能发芽生长。

浸水处理法

种皮较厚的种子要经过浸水催芽才能正常发育。浸泡时，将种子放入器皿中，然后注入适量清水，水量约为种子的3倍。用手搅拌一下，使种子均匀受热。浸泡1～3天，待种子吸水膨胀后，捞出来晾干，即可种植。浸泡方法可分为以下三种。

◎冷水浸泡：适宜种壳稍薄的种子，只要将种子浸泡在0℃以上的冷水中即可，如紫藤、雪松等。

◎温水浸泡：适宜种壳较厚的种子，使用40℃～60℃的温水，如牡丹、芍药、金钱松等。

◎热水浸泡：适宜种皮坚硬的种子，水温要控制在70℃～90℃之间，如合欢、刺槐、樟树等。

层积催芽法

隔年发芽的种子一般都采用层积催芽法。具体方法是将种子与沙土按照1∶3的比例混合，放在0℃～7℃的条件下保湿冷藏，便可起到催芽的效果。如含笑、白玉兰等。

变温催芽法

对于长期休眠的种子要采用变温催芽法。将种子浸泡后，白天放在25℃～30℃的条件下储存，夜晚则放在15℃左右的条件下储存，反复进行20天，便可促进发芽。如桂花、冬青等。

室内养殖花卉的播种方法

室内养殖花卉的播种方法一般分为点播法、条播法和撒播法3种。

点播法

点播法适用于颗粒较大的种子，如紫茉莉、香豌豆等。方法是将细土铺在花盆中，压实，浇水后晾1～2小时；在盆中放入一粒种子，然后盖上为种子直径3倍左右厚度的细土，用塑料薄膜封住盆口。处理方法与后面的撒播法相同。

点播步骤图：

条播法

条播法多用于不宜移植的直根性花卉或陆地秋播花卉，如牵牛花、虞美人、凤仙花等。具体方法是将盆土中间开出一条浅沟，将种子埋入其中。后面的处理方法与撒播法相同。

条播步骤图：

撒播法

撒播法一般用于细小的种子，如金鱼草、翠菊、瓜叶菊等。方法如下：

①将土壤筛细，平铺在花盆里，压实，浇水后晾1～2小时，然后将种子与细土混合，撒在盆里。

②撒上一层细土盖住种子。

③用塑料薄膜覆盖住盆口，扎紧，以保持盆土湿润。

④在薄膜上扎几个小洞以便空气流通。

注意：不要直接给种子浇水，缺水时，

可将花盆整个浸入水盆中。待幼苗出土后，将塑料薄膜去掉即可。

①撒种

②盖土

③保湿

④透气

无性繁殖的种植方法

无性繁殖是利用母株的一部分作为繁殖材料，通过分生、扦插、压条、嫁接繁殖和组织培养快速繁殖及植物的无融合繁殖等，使之形成一个新的个体，所以又称营养繁殖。这种繁殖方法能够保持品种的优良特性，生长快，只是步骤比较复杂，繁殖数量较低，植株切口容易感染。所以进行无性繁殖的花卉一定要细心照料。

分生法

◎分吸芽：某些植物根部或地上茎的叶腋间发生的莲座状短枝，其下部可自然生根，可从母株上分离另行栽植，如景天、菠萝等。

◎分根茎：将根茎切成具2～3个芽的段，可繁殖成新株，如睡莲、美人蕉等。

◎分球茎：可直接栽植新球茎和子球茎，如唐菖蒲等。

◎分鳞茎：可将每年形成的子鳞茎分出栽种，如水仙等。

◎分块茎：块根顶有茎，茎上再生叶和芽。可将块根分割成带芽的小块，分别栽植。

◎分走茎：自叶丛中抽出的茎，节上着生叶、花和不定根，分离栽植即可成新株。

◎分株：将植物的根、茎基部长出的小分枝与母株相连的地方切断，然后分别栽植，使之长成独立的新植株的繁殖方法。用于刺槐、萱草等。具体示范如下图所示：

①用花铲松动盆土。

②用手轻拍花盆外围使根部松动。

③将花卉从盆中取出。

④轻轻去除根部土壤。

⑤剪去干枯的根须。

⑥将母株从根部掰开，分成2份。

⑦将新株分别栽在新盆土中。

①

②

③

④

⑤

⑥

⑦

嫁接法

嫁接是人工繁殖花卉的方法之一，可分为腹接、芽接、劈接等方法。下面具体进行讲解：

◎腹接法：这种方法适用于茎枝较细的花卉。在砧木侧面斜切一个“T”字形切口，深度约为砧木直径的1/3，接穗下端两侧均切削成2～3厘米长的楔形，将接穗插入砧木切口中。

①用酒精擦拭或用火烤嫁接刀来消毒。

②在砧木侧面切一个“丁”字形切口。

③将接穗两侧对称斜切2～3厘米。

④将接穗插入砧木缝中。

⑤用塑料薄膜将接口包好。

◎芽接法：在砧木的侧面切一个“T”字形切口，将要嫁接的嫩芽切下来，插入砧木切口中，然后用塑料薄膜包好即可。

①用酒精擦拭嫁接刀来消毒。

②用嫁接刀以芽为中心，削成长1～2厘米的带皮盾形芽片。

③用嫁接刀在砧木尾部光滑部位切一个“T”字口。

④将削下的嫁接芽片嵌入砧木的“T”字形口中。

⑤令芽片与砧木的木质部紧贴好，再用塑料薄膜条将接口捆好，露出接穗芽点。

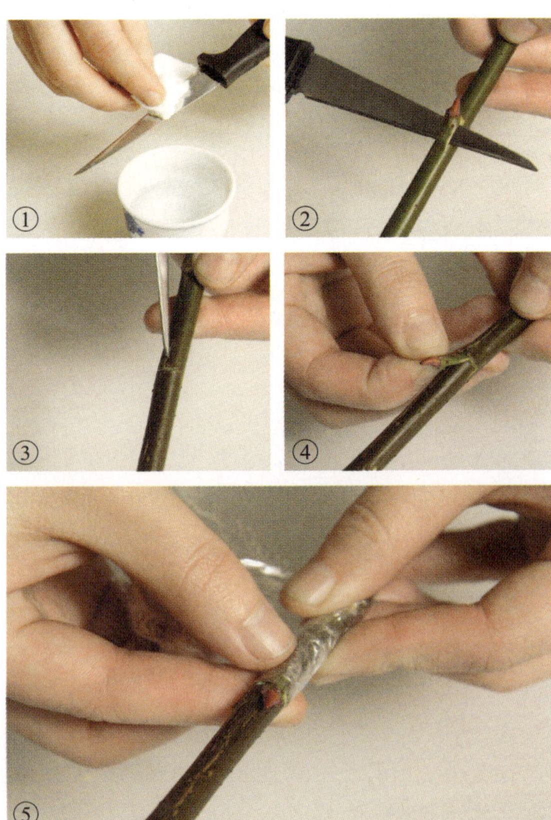

◎**劈接法：**砧木直径为接穗的2～5倍。砧木去顶后在横切面的中央垂直下刀；接穗下端两侧均切削成2～3厘米长的楔形。将接穗插入砧木时使一侧形成层对准，可一次插入2个接穗。通常劈接法用于较粗大的砧木的嫁接。

操作如下图所示：

①用火烤或酒精擦拭嫁接刀来消毒。

②将砧木去顶削平。从中间劈开一条深2～3厘米的缝。

③将接穗两侧对称斜切2～3厘米。

④将接穗插入砧木缝中。

⑤用塑料薄膜将接口包好。

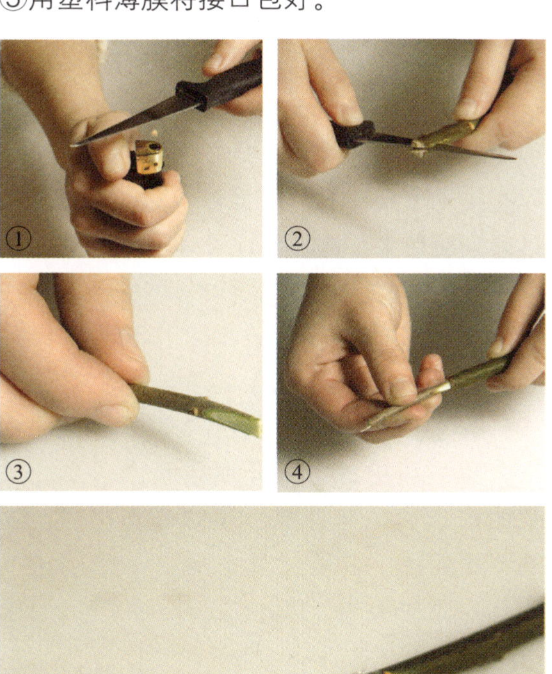

扦插法

扦插也称插条，是一种培育植物的常用繁殖方法，可分为茎插法和叶插法。

◎**茎插法：**先将沙子用筛子过滤，加入少许水放入锅内加热消毒，晾凉后装入花盆中，然后依次完成下面步骤：

①将园艺剪消毒。

②从植株上剪下有嫩芽的枝条作插穗。

③用嫁接刀将插穗下端斜削成楔形。

④将切口放入炒过的沙土中，吸走上面的少量水分。

⑤将插穗插入盆土中，深度为总长度的2/3。

◎叶插法：这种方法常用于繁殖不定根、不定芽的草本花卉。叶脉、叶缘生根的花卉可采取平置法，叶柄生根的花卉可采用直插法。具体步骤见下图：

①将河沙用筛子过滤后，放入锅内加入少许水，然后再加热消毒一下，晾凉后装入花盆备用。

②用酒精擦拭剪子来消毒。

③在健壮的植株上选取肥厚的健康叶片，剪下来。

④用剪子剪去叶子下端部分，使所留的切口呈45度角。

⑤将叶片插入盆土中。

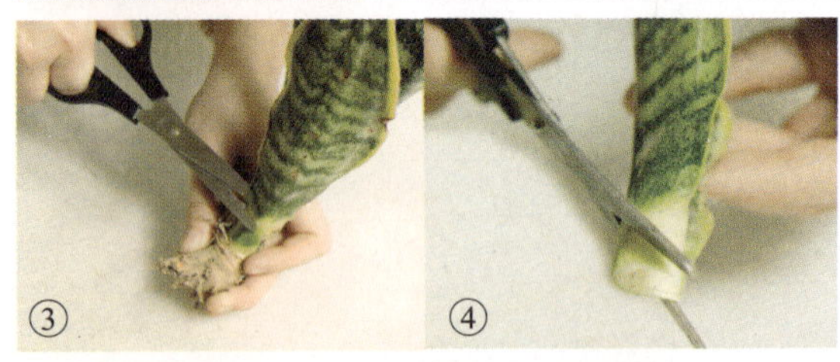

压条法

所谓的压条法，就是将母株枝条压入土内，采取一定的方法使其生根，从而得到新植株的繁殖方法。

压条法根据部位的高低不同，又可分为地面压条法和空中压条法两种。

◎地面压条法：主要选用当年生或二年生健壮的新枝，先在母株旁边挖一小沟，沟的长短、深浅依选定的枝条而定。小沟壁靠近母株的一面需要挖成垂直面，这样便于枝条直立伸出地面。压条的时候，要先对埋入土中的枝条树皮进行环割或拧劈，这样可以促进生根。在覆土时应踏实上面的浮土，使枝梢露出地面。为了使浇水后枝条不出沟外，可用“人”字形枝杈卡住压条并扎入土中。当根系已经形成、枝条上端长出枝叶时，就可以把这个发育完整的压条从母株上切下来，移栽到花盆中，进行常规管理了。

◎空中压条法：主要是针对那些枝条较硬、不易弯曲或者植株过分高大，无法采用地面压条法的植物所采用的方法。空中压条法首先要准备好一个与压条部位等高的木架，然后再把装土的花盆置于木凳上，压条的基本方法与地面压条法基本相同，这里不再赘述。在空中压条时，为了防止枝条弹出盆外，覆土后应充分压实，上面压一块砖即可。

上述两种方法无论采用哪一种，都要经常浇水以保持适当的湿度。压条1～3个月生根后可切离母株并单独进行栽培。压条的时间以春季最佳，6～7月份也可进行。

Si Ji Hua Hui De Yang Hu Fang Fa

四季花卉的养护方法

春季

出室

在室内越冬的盆栽花卉，已经适应了室内温暖的环境，如果出室太早其嫩芽和枝叶容易被冷风吹焦，也容易被晚霜冻坏。一般在清明之后出室为宜。出室前，要将花卉放在有光且通风的地方，每天白天开窗，晚上关窗，以此使花卉逐渐适应冷空气。初搬至室外时也要注意防风防冻，可以白天移出室外，晚上搬进室内，待花卉适应室外环境后，再出室养殖。

施肥

盆栽花卉越冬后会变得很柔弱，这时必须供给充足的水分和肥料以保证其健康地生长发育。盆栽花卉出室后不宜多浇水，要多喷水，只要保持盆土比在室内稍微潮湿即可。浇水的水温以15℃为宜，随着天气变暖，浇水量可逐渐增加。肥料的供给不宜过浓，宜施安全腐熟的稀薄肥水，并要根据各种花卉的需求不同进行施肥。施肥不宜过于频繁，10～15天施一次肥即可，同时还要注意松土。

换土

定时更换新的肥土可以减少病虫害的发生概率。除了早春开花的花卉外，其他类花卉均可在春季翻盆换土。一般花卉2～3年应翻盆换土一次，有的花卉则需要1年换一次土。换土时，花卉根部要保留1/2的宿土，将老死干枯的根系剪掉，以促进新根的生长。翻盆换土时应加施基肥培养土，花盆也要比原来的稍大一些。

修剪

春季及时修剪花枝可以节省花内养分，并能促进花卉新生枝的生长。花卉出室后，在花枝刚要萌芽时，可将过老、过长的花枝剪掉，疏散过密的花枝，这有助于花卉的生长。修剪时间不宜过早，否则伤口不易恢复；修剪时间也不宜过晚，待新芽长出后再进行修剪则会浪费养分。

↑春季修剪花枝的时间不宜太晚，也不宜太早。

防病

春季，各种花卉将进入旺盛的生长期，此时可在叶面及叶背喷1～3次1%浓度的波尔多液以防病害。1%浓度的波尔多液的配制方法是：硫酸铜1克，将其粉碎后加入热水50毫升便之溶解；再备生石灰1克，用几滴水使之粉化，然后加50毫升水，滤去残渣；将这两种溶液同时倒入同一容器中搅匀，即成天蓝色透明的波尔多液。

↑春季花卉进入生长旺盛期，要及时喷洒药物防病害。

夏季

防晒

花卉的生长适宜温度为15℃～25℃，夏季气温较高，花卉容易干旱灼伤，所以要注意防晒保湿。不要让花卉在太阳底下暴晒，午前让花卉享受几小时的光照，中午时则要将其搬入阴凉处，或用草帘遮盖住也可。

气温超过30℃时，就要注意给花卉保湿了，每天早晚各浇一次水，每次浇水不宜过多，经常在花卉叶面上喷水，或者在盆栽周围的地面上洒上水，让其所处环境始终处于潮湿的状态；如果盆土中有积水要马上倒掉，以免烂根。

繁殖

夏季是花卉繁殖的最好时节，尤其是扦插花卉，选在此时扦插最容易成活。另外，夏季也是适宜草本花卉播种的季节。

秋季

入室

秋天一到，天气逐渐变冷，不耐寒的花卉要陆续搬入室内，但不宜过早。一般情况下，盆栽的适应温度为10℃，只要没有降霜，就可以将花卉放在室外养殖，可以锻炼其耐寒能力，为越冬打好基础。盆栽入室前，要先将植株上的嫩芽、花苞、枯枝和患有病害的枝条剪掉，以免越冬时浪费养分。入室后的花卉要经常放在阳光充足的地方，让其享受充足的光照。

施肥

秋天，很多花卉都停止了生长，而有些花卉却到了孕蕾的季节，如菊花、腊梅、白玉兰、蟹爪兰等。这时候应该注意给这些花补充充足的养分，每月追加氮、磷、钾肥2～3次，以促进花蕾的孕育和生长。

修剪

夏季开花的植株到了秋季基本上就进入了休眠期，应将主要根茎以外的不必要的枝条全部剪去，以减少养分的消耗。菊花、白玉兰等秋季开花的花卉，花期将过时要将旁枝上的花蕾剪掉，只留下主干上生长旺盛的花蕾，以保存植株的养分。

防病

秋季花卉容易患有叶斑病、黑斑病、炭疽病、枯萎病、白粉病、介壳虫、蚜虫、蓟马、天牛、木蠹蛾、粉虱、斑潜蝇、螨类（红蜘蛛、跗线螨）、线虫等病虫害。病害的防治方法为：叶斑病、黑斑病可选用基托布津、多菌灵、代森锰锌、氧氯化铜等农药来防治；炭疽病可用施保功、使百克或代森锰锌等；白粉病用灭病威、胶悬剂、粉锈宁等。

虫害的防治方法为：介壳虫宜选用速扑杀、氧化乐果等；螨类用哒螨灵、克螨特、双甲脒等；蓟马、粉虱用吡虫啉、稻飞虱、万灵等；斑潜蝇用杀虫双、巴丹等；线虫则用呋喃丹、米乐尔等；如发生钻蛀性害虫，除表面喷施农药外，还可采用农药灌注、混泥浆涂抹等方式。

冬季

保温

冬季养花最应该注意的就是防冻、保温。现在居民住房条件改善了，封闭式的阳台对盆花越冬很有利。若无封闭式阳台，晚上应将盆栽搬入室中，一些特别怕冷的盆栽，如热带兰花、凤梨、一品红、红掌等只需，在晚间室温不要低于10℃即可。

冬天的光照强度不高，花卉却需要多照阳光，以利于光合作用生成有机养分，从而提高植株的抗寒性。因此，冬季养花应让花卉多接触阳光，以利于花卉的生长。

水肥

冬季水分蒸发量小，加上花卉植物在低温情况下生长停滞，特别是根系的活力减退，过多的水分会使根系呼吸不畅，极易造成根系得病甚至烂根死亡。

另外，冬季花卉的养分吸收能力不强，施过多氮肥会伤害根系；同时，施较多氮肥会使枝叶变嫩，抗寒、抗病能力下降，不利于越冬。

病害

冬季易发的病害多为真菌病害，如灰霉病、根腐病、疫病等，原因不外乎低温、植株抗寒性下降等，所以关键要在降低湿度、使植株生长健壮、提高抗寒性等方面上下功工夫，并辅以药剂防治。虫害主要是介壳虫和蚜虫。

↑冬季低温易发生真菌病害，除了提高花卉的抗寒性，还要辅以药剂防治。

Hua Hui De Chang Jian Bing Chong Hai Ji Fang Zhi

花卉的常见病虫害及防治

花卉的病害及防治

花卉的病害可以分为侵染性病害和非侵染性病害两类。侵染性病害主要是由病原生物引起的，如真菌、细菌、病毒、线虫等。其中真菌引起的病害最多，具有传染性。非侵染性病害不是由病原生物侵染引起的，而是由环境、条件、营养等因素造成的，不具有传染性。

炭疽病

观果类花卉患此病时，果皮会出现褐色斑点并逐渐扩大，果实成熟后会慢慢变硬。观叶类花卉患此病时，叶片中部会变成淡褐色或灰白色，边缘呈紫褐色或暗褐色圆形病斑。这种病斑常出现在叶缘或叶尖上，茎上也会出现并会逐渐扩展，最后变成黑色。

防治方法：使用50%多菌灵可湿性粉剂500倍液效果较好。70%甲基托布津可湿性粉剂800倍液效果也相当明显。

叶霉病

发病初期，叶片上会出现圆形紫褐色斑点，并日益扩大，中央呈淡黄褐色，边缘呈紫褐色，病斑上有明显的同心轮纹。到了秋天，病斑变成黑褐色，焦脆，易破裂，其上长有墨绿色的霉状物。严重时，病斑会由植株下部蔓延至整株叶片，造成大量叶焦，影响生长和第二年的开花。发病原因多因管理不善，如湿度大或植株受冻等。

防治方法：主要是加强管理，注意整枝，保持植株通风性和透光性，保持土壤干爽。及时清理病叶、枯枝，并将其集中烧毁。也可在初春和初秋时每周喷一次波尔多液120～160倍液或65%代森锌可湿性粉剂500～600倍液进行预防。

白粉病

白粉病比较容易发现和鉴别，其会在叶片背面或双面出现一层白粉状物。患有白粉病的花卉叶片卷曲，不能开花，严重时还会使植株矮小，花蕾稀少，叶片萎缩干枯，并逐渐死亡。

↑白粉病

防治方法：需及时剪除病变的部分，将花放在阳光充足且通风的地方，以减少侵染来源。给花卉施磷钾肥，在生长季节可喷70%甲基托布津可湿性粉剂700～800

倍液或50%多菌灵可湿性粉剂500～1000倍液。硫磺粉也具有预防白粉病的功效，方法是在没人的房间里，将硫磺粉低温加热（15℃～30℃），任其自然挥发，也可以避免花卉患白粉病。

根腐病

从野外挖掘的桩头移栽到盆中后，常会发生此病。大多是由于移栽不当，加上伤口被病菌感染及淋水过多、土壤涝渍、透气不良使根系窒息、腐烂。施肥过多也会引起烂根。根部腐烂后，吸收功能受到阻碍，导致地上部枝枯、叶落。

防治方法：可小心地把原株挖起，修剪根系的腐烂部分，然后用新土栽种，并改变桩头的生长条件，增加光照，疏松土壤，适当控制水、肥，促使其恢复生长。

↓根腐病

软腐病

软腐病的蔓延速度极快，危害很严重。软腐病有两种表现形式，一种是从新苗开始根部就腐烂，并不断地向上蔓延，严重时，会导致整株枯死。另一种是从老苗开始发病的，可见老苗出现不正常的倒草，叶片上有褐黄色或黑色小斑点。

防治方法：首先将花卉隔离，移到通风干燥的地方，然后把整盆花卉全部倒出来并将病株进行分离，与其相连的株苗也一并掰掉，剩余的株苗要进行消毒。喷药时，叶子的正面、背面都要喷，土壤也要进行浇灌，直至渗透。所有带菌的土壤都要倒掉，花盆要进行消毒，可以用稀释500～1000倍后的农用链霉素浸泡。

↓软腐病

病毒病

患病毒病的花卉会出现花叶和花色异常，花茎短、花小而少、植株矮化、不易生长等现象。

防治方法：要加强检疫，采用无病毒苗

↓病毒病

木及繁殖材料进行繁殖，及时防治虫害，切断传染源，还可用热处理、茎尖分生组织培养等方法对病毒隔离或消灭。

枯萎病

患有此病的植株下部叶片及枝条变色、萎蔫，并迅速向上蔓延，叶片由正常的深绿色变为淡绿色，最终呈苍白的稻草色。幼株受侵染而迅速死亡，纵切病茎，可看到维管束中有暗褐色条纹，横断面可见明显的暗褐色环纹，根部受侵染后迅速向茎部蔓延，植株最终枯萎死亡。

防治方法：发现病株要及时拔除并销毁，减少病菌在土壤中的积累。盆土被污染后，必须更换或消毒处理后再使用。用50%克菌丹或用50%多菌灵500倍液于种植前浇灌土壤防治均有效果。

花卉的虫害及防治

天牛

天牛1～2年发生1代，以幼虫于树干中越冬。初孵幼虫在树皮下盘旋蛀食，再蛀入树干、根内，然后在其中化蛹。成虫自5月下旬开始羽化，以树梢、嫩叶为食。被危害的盆栽往往会死亡。

↓天牛

防治方法：捕杀成虫，杀死虫卵。对蛀入木质的可用钢丝钩死，或用敌敌畏浸湿棉花球堵塞蛀孔，外糊黄泥封闭洞口，或用乐果加水5～10倍滴注蛀孔毒杀幼虫；还可剪除受害枝条，并立即烧毁。

红蜘蛛

红蜘蛛体型极小，红色。在高温干燥的环境下繁殖很快，每年可繁衍7～14代，几乎所有的盆栽都易受其侵害。它喜欢在植株上结网，在网下吸取植株汁液，使受害叶枯黄败落，影响植物的长势，有的甚至全株死亡。

防治方法：用乐果或敌敌畏1500～2000倍液喷杀，同时还要注意增加空气中的相对湿度。

卷叶蛾

一种昆虫，成虫身体小，前翅宽。幼虫吃植物叶片或钻进果实里面吃果实，有的把叶片卷成筒状，在里面吐丝做茧。危害果树和其他农作物。

防治方法：在幼虫发生期进行防治，可用75%辛硫磷1000倍液喷杀（最好在晚上使用）、50%敌敌畏乳油1000倍液或90%敌百虫原药1000倍液喷杀。在成虫发生期，利用糖醋液进行诱杀。用糖5份、酒5份、水80份配成糖醋液，然后将其装入瓶内，挂在盆栽周围即可。

金龟子

金龟子又名白地蚕、白土蚕。其幼虫叫蛴螬，食性复杂，是侵害多种花卉的主要地下害虫。金龟子成虫咬食叶片成网状孔洞，严重时仅剩主脉，群集时危害更为严重。在傍晚至晚上10时咬食最盛。

防治方法：冬耕深翻可促使越冬代的金龟子死亡。活动期浇灌50%马拉松乳剂800～1000倍液。保护其天敌。

↓金龟子

蚜虫

蚜虫体形小，有绿、褐、红、黑、灰等色。繁殖力极强，一年可繁衍10～30代，每年3～10月间为繁殖期。蚜虫群集于幼嫩枝叶上，以刺吸口器吸取植株汁液，使嫩梢萎缩，嫩叶卷曲，产生瘤状突起，并招来蚂蚁，传染其他病害。

防治方法：用乐果乳剂1000～2000倍液或敌敌畏1500～2000倍液喷杀。需注意，榆树、朴树、石榴等对乐果乳剂敏感，喷后会落叶，可改用鱼藤精1000倍液喷杀。

介壳虫

介壳虫是花卉中最常见的害虫之一，常群集于枝、叶、果上，以吸取植株汁液为生。介壳虫危害极大，可造成枝叶凋萎或全株死亡。更为严重的是介壳虫的分泌物还能诱发煤污病，使花卉死得更快。

防治方法：这种害虫，由于其虫体包裹有一角质的甲壳，如果用一级药物对它直接喷洒，效果并不是很理想，因此宜采用以下三种防治方法：

一是用白酒兑水。比例为1∶2，在灭害虫时，要浇透盆土的表层。可在4月中旬浇一次，此后，每隔半月左右浇一次，连续4次可见效。

二是用米醋50毫升。此法简便安全，既能达到除虫的目的，又可使被侵害植株的叶片返绿光亮。具体做法就是将小棉球放入醋中浸湿后，用湿棉球在受害的花木及枝叶上轻轻地揩擦即可将介壳虫揩掉杀灭。

三是用酒精轻轻地反复擦拭病枝即可。

↓介壳虫

专题 花卉东、西、南、北方位的奥秘

植物都需要进行光合作用与呼吸作用，所以，在摆放盆栽时，宜选择有阳光充足和通风条件好的地方。

一般来说，户外的庭院或屋顶是日照最充足，通风条件较好的地方，这两处地方往往要优于阳台、窗台等地方。但是，在现代高楼化且拥挤的城市环境中，许多住户或办公室不得不将盆栽置于阳台或窗台间，原因大多是因为自家的阳台或窗台间长时间被邻近楼房的阴影所笼罩。因此，在这种条件下，只能利用摆设的方位和技巧争取更多的日照机会。

现在，让我们拿出指南针，辨识一下家里或办公室的东、西、南、北方位，看看哪个方位是日照和通风条件最好的，然后再决定如何摆放花卉。

向东方位

面向东的方位一般日光直射时间为早晨至中午，午后仅存柔和的光线，故适合栽培比较耐阴的植物或对光照需求度较低的开花植物。

向南方位

面向南的方位为全天光照最充足的地方，日照时间长，从早晨到黄昏均保持温暖，这种地方适合栽种需光程度较高的开花植物。假如向南的方位有阳台、窗台，但正巧紧临高楼，使得光线不如预期的理想，那只能退而求其次，考虑东南向或东向的环境。

向西方位

面向西方向的日照直射时间为中午至黄昏，通常光照较向东的方位更为强烈，适合栽种如鸡冠花、日日春、仙人掌等耐热性的植物。如果其他植物不得不栽种于此方位的话，那么在高温的盛夏，不妨考虑装个遮棚，以避免植物灼伤。

向北方位

面向北的方位通常光线最弱，且冬天容易受季风吹袭，因此只适合栽种耐阴的植物，如观叶植物。

Part3

第三章

不同观赏角度及季节花卉的选择

花卉种类繁多，每一种都会令人感到赏心悦目。观花类的让人心情愉悦，观叶类的让人充满欣喜，花叶相间的能让人体味到不同的韵味。那么，在摆放花卉时，可根据不同的观赏角度、不同的季节来选择。喜欢观花类的，可以多选择开花类的花卉；喜欢观叶类的，可以选择叶类繁茂的花卉……不同的花卉总能带给你不同的体验和感受。

根据观赏角度选择花卉

观花类 花满枝节，幸福愉悦紧相随

扶桑

★科属：锦葵科、木槿属

★别名：朱槿、佛槿、大红花

★花期：四季开花

生长特征

扶桑系常绿灌木。株高大约2～5米，直立多分枝，小枝呈圆柱形。叶互生，叶片呈卵形或长卵形，叶缘上有粗锯齿或缺刻，形似桑树叶，花单生于上部叶腋间，常常下垂，花的直径可达10厘米左右，花萼钟形，花冠漏斗状，花分淡黄、黄色、橙黄、粉红、浅红、白色、以及粉边红心、红瓣白条纹等色。蒴果卵形，长2.5厘米左右。

养护管理

浇水：扶桑夏季可一早一晚进行浇水。春秋季节可在下午天热时浇水；冬季气温低，可酌情控制浇水量。平时浇水要视干湿情况而定，过干或过湿都不可取。生长期宜保持盆土湿润，这样茎叶才能生长迅速。不过，水分也不宜过多，否则叶子会变黄脱落。

施肥：扶桑较为耐肥，尤其适用磷钾肥。可以在生长期每15～20天施1次肥。如果在花期的话，可以每月施3次肥。越冬时节，只要将干肥撒在花盆里壤土的表面即可。

光照：扶桑非常喜欢环境温暖湿润的气候，一般在30℃左右的气温下生长得相当繁茂，如果将其放在温度较低的环境下，叶子易脱落。此外，扶桑在荫蔽的环境下甚少开花，主要是因为光照不足会导致其花蕾脱落、花朵变小、花色变淡缘故。

介质：盆栽扶桑对介质的要求不算太高，但是，也宜在肥沃且透水性佳的土壤中生长。

病虫害：扶桑容易发生虫害，如蚜虫、介壳虫，这两种害虫均可用稀释后的杀虫剂来

布置应用

扶桑盆栽生长速度快，适宜摆放在客厅及玄关处做观赏用。

喷杀。如果有少量介壳虫，可用硬毛刷（如用旧的牙刷）除去，如果有大量的介壳虫，就需要用40%氧化乐果溶液进行喷杀。

繁殖：扶桑多采用扦插与嫁接两种方法。扦插繁殖时，最好不要在冬季进行，否则成活率不是很高。扦插繁殖时，可选一根长10厘米左右的半木质化花枝剪切，在留取叶片后插入沙床内，3周后即可生根，1个半月后即可上盆。需注意的是，嫁接法多用于不能采取扦插法的重瓣扶桑。

修剪：每年春季，在为扶桑换盆的时候，顺便对枝叶进行修剪与整形即可。

养护问答

Q 扶桑的原产地是哪里？

A 扶桑是非常漂亮的观赏花木，被马来西亚、苏丹、斐济等国当成国花，但其原产地却在中国的广东及云南。我国有着悠久的扶桑栽培史，早在我国汉朝《山海经》及晋朝的《南方草木》上就有记载。这种花极易栽活，对土壤的要求也不高，可用于点缀城市街路两侧的绿化带。现在，在我国南方的福建、浙江、广西、四川等省市地区都有种植。

Q 总听人说扶桑极易养活，为什么我养的扶桑好像营养不良，而且叶子有些泛黄？

A 扶桑通常需要充足的光照条件，如果放置在荫蔽的环境下是很少开花的，并且还会有黄叶现象。此外，如若发现扶桑叶片不落，只是绿得不像其他植物那样自然，很有可能是因为盆土中缺乏营养所致。解决方法就是将小花盆换成大一号的花盆，土换掉一半，并施加一些有机肥即可。采用上述方法后，一般情况扶桑的叶子会重新回绿。不过，需要注意的是，扶桑不耐旱，盆土长期干燥会使叶子变黄。当然，即使扶桑喜水，但是也不能过量浇水。否则，会导致根部腐烂而死亡。

Q 养殖盆栽扶桑时，应该注意哪些问题？

A 扶桑如果用盆养的话，极易养活，只要温度适宜，几乎全年都开花。每年可以在春天对扶桑进行换盆、修剪花形。如若正好赶在花期，别忘了每天给叶面喷水，以提高空气湿度。在冬季，由于气温较低，需要把花盆搬到室内御寒。越冬时可每1周浇1次水即可，水量不宜过多。白天阳光充足时，还要将其摆放在阳光较为充足的阳台、窗台附近，以免因光照不足而使扶桑萎靡暗淡，使其失去观赏价值。

Q 前几天买了一盆黄色扶桑，我看盆子有很多绿苔，就换了个新盆，放在门前绿地树荫底下缓苗，结果让雨淋了几天后出现叶子发蔫而且花骨朵掉的情况，请问该怎么办呢？

A 通常情况下，扶桑宜放置在阳光充足的地方，而且要求盆土必须排水良好。还要在换盆时，将盆土压实，然后再浇透水，蔽荫数天，等缓苗后再移至阳光充足处培养。但是你在换盆后，连续让扶桑雨淋，结果导致其盆土中积水时间过长，影响了其生长，最后出现叶片枯黄的现象。所以，应赶快排除积水，将其放置在阳光充足的地方。

• Anthurium andraeanum
（英文名）

粉 掌

★科属：天南星科、花烛属

★别名：安祖花、花烛

★花期：四季开花

生长特征

粉掌是多年生附生常绿草本花卉。株高可达1米，节间短，叶子从根茎抽出，有长柄，单生，长圆形或卵圆形，深绿色，有光泽；花芽自叶脉抽出，佛焰苞直立开展，革质，卵圆形，花色为红色，花两性，肉穗花序无柄，圆柱状，直立，略微往外倾。

养护管理

浇水：在春秋季节，需两三天浇水1次；夏季天气炎热可1～2天浇水1次水；冬季寒冷，可1星期浇水1次即可。

施肥：在生长期，可使用肥液，肥液按氮、磷、钾比例为1：1：1调配，与浇水一起进行。

光照：粉掌喜光，宜放置于散光条件好，并且空气流通的地方。

介质：要求疏松肥沃、排水性良好的土壤。

病虫害：粉掌常见的病害有叶枯病、根腐病等。对于叶枯病的防治可用小喷壶喷杀菌剂如代森锰锌、菌毒清等，一个月左右喷洒1次即可。虫害主要有白蚁、蚜虫等，数量不多时，可用毛笔、湿布等除掉即可。

繁殖：粉掌的繁殖方法较多，有组织培养法、播种法、分株法、扦插法4种繁殖方式。

修剪：剪除老叶，但不能剪除成叶，以免影响美观。

布置应用

粉掌适合在客厅、餐厅摆放，除供观赏外，还可以吸收装修残留的各种有害气体。

养护问答

Q 如何把种植在土里的粉掌移植到水中？

A 把粉掌移植到水中，首先要准备的就是水培花瓶及经过晾晒的清水。将粉掌根系从土盆中倒出，用水把粉掌根系上所带的土壤冲掉，再将清洗干净的粉掌根系用水培固定架固定好，直接放于水培花瓶中即可，应注意粉掌的根系不能全部泡在水里，最少要露出水面一半或者是2/3。

• C.sinense（英文名）

墨 兰

★科属：兰科、兰属

★别名：拜岁兰、报岁兰

★花期：1～3月

生长特征

墨兰为多年生草本植物。叶丛生在椭圆形的假鳞茎上，叶片4～5枚，剑形，深绿色，上半部分向外披散，长度为60～80厘米之间，宽度为2.7～4.2厘米之间。花茎直立，高出叶面，有花7～17朵。

养护管理

浇水：夏天，每日浇水1次为宜；冬季，4～5天浇1次水即可。浇水时要注意清洁，不要用自来水直接喷浇。

施肥：施肥时间从春末开始，至秋末停止，每周可施肥1次，秋冬季则要减少施肥，可每20天施肥1次。

光照：墨兰属于半阴性植物，喜欢置于空气流通的遮阴处。

介质：要求疏松而无黏着性、排水性良好、腐殖质丰富的微酸性土壤。

病虫害：墨兰易发生墨斑病和霉菌病。墨斑病可采用65%代森锰锌可湿性粉剂600倍液喷洒防治；霉菌病可用五氯硝基苯粉剂500倍液喷洒防治。墨兰的虫害主要是刺吸式口器介壳虫和红蜘蛛，可用40%氧化乐果乳油1000倍液喷杀。

繁殖：墨兰的繁殖宜采用分株法，8～9月的时候最适宜分株繁殖。

养护问答

Q 家养墨兰花骨朵枯萎，如何解决？

A 首先应该看看花盆底部是不是已经建立了良好的排水层，因为墨兰介质的要求就是排水性良好，如果没有建立排水层，也许就是因为根部水多而导致花枯萎。还有一点需要注意，就是不要让墨兰处于暴晒的环境中，因为墨兰花属半阴性植物，摆放在阴凉处为宜。

• Dracaena reflexa
（英文名）

百合竹

★科属：龙舌兰科、龙血树属

★别名：富贵竹、短叶朱蕉

★花期：全年

生长特征

百合竹属多年生常绿灌木或小乔木。叶松散成簇生长，叶片线形或披针形，顶端渐尖，全缘，叶色碧绿而有光泽。花序单生或分枝，常反折，花小，白色。

养护管理

浇水：百合竹喜好湿润，每当盆土表面干至2～3厘米时就需要浇水，浇水的时候一定要浇透，不可只浇湿表面。

施肥：在生长期，可选用有机肥料或氮、磷、钾肥，每月1次，注意要少量施用。若要使叶片更加美观，也可按比例增加氮肥。

光照：百合竹喜光，故不宜放在离窗户太远的地方。

介质：要求排水性良好、富含有机质的沙土。

病虫害：百合竹病害较少，在生长过程中，最常见就是出现叶片发黄，主要是由于栽培管理失调造成的，水分过多过少、阳光过强过弱、肥料过多过少都可引起叶片发黄。嫩叶暗黄且无光泽，老叶没有明显变化，多是因为浇水过多造成的；叶梢或者边缘发枯、发干，老叶枯黄脱落，但是新叶生长正常，此种情况为缺乏水分；整株叶片变黄然后脱落，则是因为缺乏光照。虫害有介壳虫、红蜘蛛和蜗牛。介壳虫和红蜘蛛用40%氧化乐果乳油1000倍液喷杀；蜗牛可人工捕捉或用灭螺丁诱杀。

繁殖：百合竹通常有两种繁殖方法：一种是播种法，适用于大量繁殖；另一种是扦插法，适合单株繁殖，适宜的季节为春季和秋季。扦插时，可剪取枝条每段长10厘米左右，如果带叶要减去大半，并将其扦插在湿润的土壤中，注意要保持土壤湿度，在20℃～25℃的条件下，30～40天就可生根。

修剪：春季剪掉突出的顶梢，使树形更漂亮。有必要的话，可剪除过细、过密的枝条。

布置应用

该盆栽因为其耐阴性好，非常适合室内观赏，可摆放在客厅、餐厅等地方。

养护问答

Q 百合竹插瓶水养需要注意的事项通常有哪些？

A 插瓶之前首先要将插条基部的叶片剪去，并且用快刀切成平滑的斜口，以利于吸收养分和水分；每3～4天换1次清水，10天内不要改变方向，也不要移动位置，半个月左右即可长出须根；生根后不宜换水，瓶中水蒸发减少后及时加水即可；生根后为了使百合竹叶片油绿、枝干粗壮，可以施入少量的复合肥。

Q 水养百合竹叶子下垂发黄怎么办？

A 百合竹忌风吹，尽量不要将百合竹放在电视机旁及空调和电风扇常常吹到的地方，这样就能避免叶尖和叶缘干枯。如果把百合竹下端的切口修成斜的椭圆形，这样就能储存足够的水分。还有一点要注意，就是自来水碱性很强，最好把水放置几天再用来浇花。

Q 家养百合竹有什么特殊要求和建议吗？

A 家养百合竹易养、易活，但百合竹喜欢有其他室内植物的陪伴，这是因为其他植物能为百合竹提供有益的水分补充。对于家庭养殖的百合竹，建议定期转动花盆1/4圈，这样就能使百合竹受光更加均匀，利于植株垂直、匀称地生长。

Q 百合竹生长的适宜温度是多少？

A 百合竹是一种喜高温、潮湿的生长环境的植物，所以在养殖过程中，温度应保持在20℃～28℃之间，冬季越冬的温度不能低于10℃，温度稍低或者是空气过于干燥，都会引起百合竹叶尖的干枯。

Q 百合竹常见的品种有哪些？

A 百合竹常见的有两种：一是黄边百合竹，又名斑叶反折密叶龙血树、黄边短叶竹蕉、黄边短叶朱蕉、金边曲叶龙血树。叶片披针形或阔线形，长10～20厘米，宽2～3厘米，略扭曲，并向下弯曲，浓绿色，叶缘乳黄色至金黄色。二是中黄百合竹，又名金心曲叶龙血树，叶披针形，叶片不卷曲，略向下垂弯，浓绿色，在叶片中间镶有金黄色条斑。

Q 百合竹长得有2米多高了，怎么修剪？

A 百合竹的修剪方法有二：一是将所有枝条全部短截回缩，修剪成圆形冠，要求冠圆平滑，并加强养护，可达到冠圆丰满的效果；二是只短截稍高稍长的枝条，短些的不动，达到圆滑平冠。

Q 扦插百合竹时上面带叶子吗？

A 百合竹扦插时，是需要带叶片的。扦插时可剪取带有生长点的顶端枝条，长度为10厘米左右，比下部无叶茎段易活，且成活生根快。只去除下部的叶片即可，每枝留有3～5片嫩叶。保持较高的湿度，温度以25℃左右为宜，3周左右即可生根。

Q 百合竹浇水的最佳时间？

A 百合竹属于比较耐旱，耐阴的花卉，所浇水最佳时间要按光线充足情况而定。如果摆放位置有散光且通风，建议3天浇水1次，但要浇透，不要浇半腰水或半边水；如果摆放位置光线比较暗，且通风条件不好，建议5～7天浇1次水，而且要定期转至光线较好的位置进行一定的保养。

• Kumquat（英文名）

金 橘

★科属：芸香科、金橘属

★别名：金柑、金枣、金弹、罗浮

★花期：花期6～8月、果期11～12月

生长特征

金橘的枝杈比较细弱且密生，叶互生，革质，阔披针形至长椭圆形，边缘有不明显的波齿，中脉两侧向上略翻。花多着生于枝梢的叶腋间，单生或簇生，乳白色，花被五瓣裂。金橘的果实比较小，呈椭圆形或倒卵形，先端钝圆，基部稍长，表面光滑，初为青色，成熟后为金黄色到橙黄色。

养护管理

浇水：金橘有一个夏梢生长期，为抑制夏梢生长促使花芽分化，在这期间要控制浇水，只需向叶面喷少量水即可，大约10天，金橘的主芽及预备芽都已膨胀，由绿转白，即表明花芽分化已经完成，此时可恢复浇水量。其他生长期保持盆土见干见湿即可，10月以后逐渐减少浇水，冬季要控制浇水。

施肥：金橘除了在春季换盆时施足基肥外，生长期要根据不同的时段施不同的肥，4～5月为促发新芽和枝叶，应每10天左右施1次以氮肥为主的液肥；5月中旬至9月底，为促使多开花结果，要每10天左右施1次以磷、钾肥为主的液肥。10月以后逐渐减少施肥；冬季停止施肥。

介质：要求肥沃、疏松和排水良好的微酸性沙质土壤。

病虫害：金橘常发生的病害是煤烟病，可用高锰酸钾500倍液涂洗，也可用清水擦洗。虫害主要是介壳虫的侵袭，可用乙酰甲胺磷1000倍液喷杀。

布置应用

金橘象征吉祥和硕果累累，盆栽金橘放于客厅、书房或者阳台、几案上都可以。金橘的果实可食用，果、叶泡茶可助消化，果皮、果核可入药，果皮可改善胃病、胸胁逆气，果核可缓解疝气。

繁殖：金橘繁殖可用播种法也可用嫁接法，因播种后成长的时间较长，所以多采用嫁接法。嫁接方法有切接、芽接和靠接三种，盆栽多采用靠接法，即提前一年选好盆栽砧木，于4～7月进行靠接，成活后，在第二年萌芽前后带土移栽盆中即可。

修剪：金橘修剪需要特别注意，花、果、枝都需要整理。

养护问答

Q 金橘的生长温度应保持在多少为宜?

A 金橘的生长适温为15℃～30℃，高于37℃生长会受抑制，冬季搬入室内应保持在5℃以上，0℃时嫩梢容易受冻。

Q 金橘应如何修剪?

A 春梢萌发前要进行一次修剪，按照“强枝轻剪、弱枝强剪”的原则剪去枯枝、老枝、叠枝、病枝和交叉枝，只留3～5个主枝错落地留在主干上，每根枝条留基部2～3个饱满的芽即可。还要注意摘心，以限制枝叶徒长，利于养分积累，促进嫩枝成熟。但是摘心不宜过早，待新梢长至15～20厘米时再进行摘心。花期，如果花过于繁多的话，还要适当疏花。着果后，果也不宜留太多，一般一枝留3～4个即可。俗语说金橘“留春不留秋”，说的就是秋梢要及时剪除，以提高果率，使果实丰满整齐。

Q 金橘宜在什么时候摘下?

A 金橘果子一般都是在春节过后摘下，然后在开春时翻盆换土。否则等果子自然落下时，就会消耗掉过多的养分，从而影响以后的开花、结果。

Q 金橘夏季和冬季都要扣水，扣水是什么意思?

A 扣水是说在花芽萌发期和分化期要适当减少浇水，以促使花芽分化和新芽萌发。金橘一年要进行2次扣水，1次是夏季，1次是冬季，夏季扣水为促使花芽分化，冬季扣水是为促发新芽。

Q 如何延长金橘的观果期?

A 果实是金橘的主要观赏点，所以不妨采取一些措施来延长观果期。挂果后，首先要保持盆土的适当湿度，不然盆土过湿或过干都会导致果实早落。其次是光照要适当，光线不可太强，但是也不可以放在阴暗处过久，可放于室内半光处，或每隔2～3天移至室外接受2～4小时不太强的光照。最后是进行根外施肥，挂果期本来是停止施肥了的，但是如果要延长观果期，可以用0.2%磷酸二氢钾溶液进行叶面喷肥。营养元素从叶面被吸收，从而传递给果实，供果实发育，观果期因此延长。

Q 怎样让金橘多挂果?

A 想让金橘多挂果，主要是要注意日常管理，比如在花期，不要向正在开放的花朵上喷水，以免影响授粉。还要保证将金橘摆放在阳光充足的环境中。每年摘心修剪要进行多次，因为这可促进花芽分化，多开花，多结果。此外，每周浇1次品肥水，或追施磷酸二氢钾，或每周结合施肥以200～250倍食醋水浇灌，既可使植株生长茂盛，又可促进金橘多开花结果。

Fortune firethorn（英文名）

火 棘

★科属：蔷薇科、火棘属

★别名：火把果、救军粮

★花期：4～5月

生长特征

火棘为常绿灌木或小乔木。叶子长1.6～6厘米，呈倒卵形或倒卵状椭圆形，先端钝圆，边缘有钝钝的锯齿。复伞房花序，花为白色，果为球形，橘红色或者深红色。

养护管理

浇水：火棘喜湿润，较耐干旱，生长期掌握见干见湿的原则即可。生长期可每天浇水1次，夏季早、晚各浇1次，秋末和冬季应减少或控制浇水。忌积水，花期要避免雨淋。

施肥：春天气温不太高时，每10天施肥1次，进入夏季高温期，每15天施肥1次，秋天则每10天施肥1次。所施的肥料为：开花前施磷、钾类腐熟肥；花后果期以施钾肥为主；冬季则应停止施肥。

光照：火棘喜欢充足的阳光，除冬季要移入室内向阳处外，其他季节均可放在室外直接接受阳光照射，尤其是在花期，置于室外可吸引蝴蝶、蜜蜂来采蜜从而自然授粉。

介质：火棘较耐贫瘠，在肥沃疏松、排水性良好的微酸性土壤或中性土壤中生长良好。

病虫害：火棘很少发生病虫害，偶尔会有介壳虫，可用40%氧化乐果乳剂1000倍液进行喷杀，或者人工捕捉亦可。

繁殖：火棘可以用播种法和扦插法进行繁殖。播种法即将采下来的种子于春季（2～3月份）点播于土中，覆土不宜太厚，以不见种子为度，上面再盖上稻草，4月上旬即可发芽出土，幼苗出真叶时即可间苗。当年的苗木可高达20厘米。扦插法是在春季的2～3月份，选两

布置应用

植株较大的火棘可栽种在庭院或者园林里，盆栽火棘植株可放置在居室内，也可以做插花材料。火棘除可供观赏外，还可入药，果实能够消积止痢、活血止血；根能够清热凉血，叶能清热解毒。

年生的健壮枝条做插穗，剪成长10～15厘米的枝段插入苗盆，遮阳保湿，40天左右即可生根。

修剪：为保证枝条充实、果实发育快且株形美观，要对旺盛的生长枝摘心或短截，对萌蘖枝、细弱枝及时疏除。

养护问答

Q 盆栽火棘如何过冬？

A 火棘比较不耐寒，只能短时间地承受0℃以下的低温，否则会因冻害而死。盆栽火棘冬季移入室内温度不可以太高，不然会提前萌芽，消耗养分，不利于开春后的生长，所以最好保持在5℃左右为佳。平时火棘生长室温一般宜保持在20℃～30℃。

Q 火棘的种子不立即播种的话，应该怎么存放？

A 火棘的种子一般在11月上旬果熟时采收，可以随采随播，也可以进行储藏，待翌年春天再播种。在取新种子时，可将果子捣烂清洗出种子，放在阴凉处晾干，然后放在沙子里储藏即可。

Q 火棘移栽能栽活吗？

A 植株过大的话，移栽起来可能要麻烦些，但是小株移栽一般成活率是比较高的。但是要注意，移栽的时候要带上土球，而且稍微修剪一下枝梢可以提高成活率。移栽后要注意日照不可以太强烈，需要遮光。

Q 火棘去年开花比较繁多，为什么今年比去年少了一半呢？

A 这是很正常的现象，花有大年和小年，也就是说，一年花繁，一年花稀，花繁者为大年，花稀者为小年。如果想要达到平衡，只需在大年时适当疏花、疏果就可以了，这样到了小年也就和大年区别不大了。

Q 火棘比较耐修剪，那么修剪的时候有没有什么需要注意的？

A 火棘的萌芽能力比较强，所以也比较耐修剪。秋末冬初的时候要进行一次重剪，这样可以使它长得不高，以此来控制树形。由于花芽的分化是在10～11月生长的短枝上，所以修剪的时候要注意保留秋季生长的短枝，剪去营养枝。盆栽的火棘要及时摘心，而且对徒长枝、过密枝和枯枝都要经常进行修剪。

Q 请问火棘盆景叶子枯黄掉落，火棘果干瘪了，是什么原因？

A 如果是从花卉市场的大棚中买来不久的，可能是被冷风吹刮所致，原因是大棚里的温度都很高，湿度也大，花卉在棚内过的是养尊处优的生活，突然从棚中到棚外的改变，就会导致落叶、枯叶、干果，甚至死亡，因此应将其移至避风处。

如果火棘是自家所养，则有可能会是很多方面原因所导致，如火棘喜欢全日阳光照射，而正好摆放在荫蔽之所，使其得不到光照；或者每次浇水只浇湿表皮，不浇透全根；又或者盆栽长期浇水较多，湿而不干，致根系腐烂，从而出现落叶、枯叶、干果甚至死亡。又或者是各种病虫害造成根茎腐烂导致植株死亡所致，应查清是哪种原因所致，然后对症治疗。

根据季节选择花卉

春 香郁中透着美丽

• Primula（英文名）

报春花

★科属：报春花科、报春花属

★别名：年景花、四季报春

★花期：2～4月

生长特征

报春花属多年生草本植物。株高20～30厘米。叶基生。株被被白色绒毛所覆，叶子呈椭圆形至长椭圆形，叶面光滑，边缘下垂，具有不规则圆锯齿。顶生伞状花序，花高出叶面，多为6瓣，数朵簇拥开放，花色呈白、粉红、深红、浅黄等色。蒴果球状，种子细小，自播能力较强。

养护管理

浇水：报春花不喜水大，所以除了天气炎热的夏季每天早晚各浇1次水外，其余季节两三天浇1次水即可。

施肥：报春花不喜大肥，入秋后，报春花进入旺盛生长期的时候，则需要加强肥水管理。施肥时为了保护叶片，要注意一定不要让肥水沾到叶片上。

光照：报春花喜光，但是要避免强烈阳光照晒，以置于通风多见散射光处为宜。

介质：要求土质疏松、富含腐殖质的沙质壤土。

病虫害：报春花常见病害有叶斑病、茎腐病两种。防治叶斑病时，可采用50%代森锌2000倍液来喷洒，10天左右1次；而对于茎腐病，每月可喷洒80%可湿性代森锌500倍液1

布置应用

报春花花色艳丽夺目，摆于室内会令房间增色不少，摆放于客厅也不同凡响，亦可栽种于假山、庭院中，还可用于装饰花坛。

次，同时要及时拔掉病株。报春花虫害较少，主要易受到红蜘蛛的危害，当发现红蜘蛛虫害时，可喷40%三氯杀螨醇1200倍液来防治。

繁殖：报春花多用种子繁殖。从4月左右采种直到9月前后皆可播种，最佳播种时期为六七月份。由于报春花种子细小，寿命较短，所以最好播种在装有培养土的浅盆中。在播种时，可先将盆土整平，再将种子拌上4倍左右的细沙均匀地播在盆内，之后用木板把土面轻轻压实，压实土面的目的主要是利于种子吸水和扎根。通常1周后即可发芽，然后再逐步把花移到光线充足处，但切记不能让日光直射。

修剪：及时剪去报春花的残花和枯叶即可。

养护问答

Q 怎样使盆栽报春花花开不断?

A 若要使盆栽的报春花花开不断，应注意以下几点：首先是分栽与移栽。在播种苗长出2～3片真叶时，先分栽在小盆中，经过1个月左右的培育，再移栽到盆中。其次是施肥与浇水。在生长期，盆土要保持湿润，既不能过湿也不能过干，每隔10天左右追施1次以氮肥为主的液肥孕蕾期则需追施以磷肥为主的液肥2～3次。要注意的是，盛花期要减少施肥，花谢后要停止施肥。温度和光照也较为重要，适宜生长温度在15℃左右，冬季室温不要低于10℃，夏季温度不要超过30℃，避免阳光直射。最后就是要及时剪去残花，开花的时候，为了延长观花期，温度与光照不宜过高过强。花谢后，要及时剪去残花与梗，并且追施肥料，促使报春花再次生长、开花。

Q 报春花在养护过程中常常会出现萎蔫现象，这是最使养花者头痛的问题。那么，怎样抢救萎蔫的报春花呢?

A 对于报春花出现的这种问题，应该对症治疗。引起报春花生病的原因主要有以下几类情况，现在分别论述。

◎**缺水造成的萎蔫**。表现为叶色变淡发黄，叶面起皱而无光泽，叶柄软瘪，叶子整片下垂、萎蔫。

抢救办法：将报春花移置于通风、阴凉处，待盆土温度下降后再浇水，然后从第二天开始早、晚各浇水1次，注意浇水时应逐渐增加浇水量，不能猛然一下浇得太多。

◎**病菌感染而造成的萎蔫**。表现为叶片失去原有的刚性、韧性，触之则感到很柔软，且最先是下部叶片萎蔫，匍匐在地上，然后逐渐蔓延至整个植株，全部叶子都发软而伏在地上。

抢救办法：用土菌诺灭菌。具体操作：将制成的河沙和土菌诺的混合物覆盖报春花根部周围表面，注意不要盖住叶片及花的中心部位。覆盖后，喷洒少量的水。

◎**施肥过度造成的萎蔫**。表现为植株叶片边缘焦黄、叶片萎蔫，时间一长就会死亡。

抢救办法：要多浇清水来冲淡土壤中的肥分，或立即翻盆，换上新土，这样就可以使植株逐渐恢复正常的生长状态。

• Slipper wort（英文名）

蒲包花

★科属：玄参科、蒲包花属

★别名：荷包花

★花期：1～5月

生长特征

蒲包花为多年生草本花卉。其茎为绿色，茎叶上有绒毛，叶子卵圆形或椭圆形，对生，叶尖钝圆。顶生或腋生伞状花序，花朵有两片唇，上唇较小，向前伸着，下唇比较发达，像荷包一样。花色比较丰富，有淡红、鲜红、橙红、淡黄、深黄、乳白等，花瓣上常有褐色或红色斑点，蒴果。

养护管理

浇水：蒲包花忌土湿，盆土持续潮湿会引起烂根，所以浇水不宜过多，而且浇水时要注意不要使水珠集聚在叶面或芽上，否则易烂叶、烂心。总之以掌握见干见湿为宜。但是在室内摆放时要经常喷些水，这样可以增加空气湿度，从而使植株长势更好。

施肥：蒲包花植株的不同时期施肥是有所不同的，生长期宜每隔10天左右施1次腐熟的稀薄饼肥水。为了使花色更艳，花莛出现后宜增施1次0.5%～1%的过磷酸钙。但是要注意，施肥时不要让肥水沾到叶子上，否则会出现肥害以及叶子腐烂的问题。

光照：蒲包花属于长日照植物，但是春季开花后，要将植株放在通风阴凉处，最好遮去中午的强光，因为这样更有利于种子成熟。

介质：要求排水性良好、富含腐殖质的土壤中生长。

病虫害：蒲包花病害主要是在幼苗时易患猝倒病，处理方法是用65%的代森锌500～700倍液来喷洒植株和土壤表层。不太严重的话，可以采取土壤消毒、去除病株、多

布置应用

报春花花和叶颜色都比较鲜艳且形状别致，盆栽或插花可摆放于厅堂或几案上，既美化了环境，又增添了几分生气，自然是别有一番情趣。

通风、多见阳光等方法来防治。虫害主要有红蜘蛛和蚜虫。红蜘蛛可用10%的扫螨净乳油2000倍液喷杀；出现蚜虫后，用绝蚜1号1500倍液来喷杀即可。

繁殖：蒲包花的繁殖主要采用播种法。将种子点播于培养土中，由于种子比较小，所以无须特意覆土，盖上玻璃或报纸，保持盆土湿润，置于阴凉通风处，7～10天即可发芽，揭开玻璃或报纸后不要一下子就放到阳光底下去，要逐渐适应。

修剪：清除病叶、老叶、黄叶外，还要注意及时摘除叶腋间的侧芽。

养护问答

Q 蒲包花最佳播种时间是什么时候？

A 蒲包花的播种一般都在立秋前后进行。如果7月上中旬进行播种的话，可以让蒲包花在春节时不用采取其他人工措施而自然开放。但是7月正是夏季高温的时候，这个时候播种，幼苗出来后容易因高温而腐烂。所以，最好晚一些进行播种。

Q 蒲包花叶子发黄是为什么？

A 施肥过量是导致叶子变黄的重要原因。施肥过多，容易导致新叶肥厚且凹凸不平，老叶干尖焦黄而脱落，这时候应立即停止施肥，增加浇水量，使肥料从排水孔流出，或者立即换盆，用水冲洗掉土坨后再重新栽入盆内，过段时间叶子就会返青了。另外，还要看看是不是因长期浇“半腰水”所致，也就是说，浇水的时候上干下湿，没浇透，这样会影响养分的吸收，时间一长，叶色就会变得暗淡无光，先是下部老叶老化，接着就是由下到上逐渐枯黄脱落。挽救时，无论是冲掉土坨还是补水，都不要立即就浇很多水，不然植株承受不了，反而会挽救不成功。应该是先浇少量水，随后逐渐增加，使其慢慢返回青色，然后再恢复正常浇水。

Q 为什么挽救萎蔫的蒲包花叶片不能一下子就浇很多水？

A 在夏天，忘浇水或者漏浇水都会导致植株萎蔫，挽救时，一下子就浇过多水容易导致植株死亡。因为这时候大部分根毛已经损伤，吸水能力下降，只有生出新的根毛后才能恢复原来的吸水能力。而且这个时候植株内的细胞处于失水状态的，如果浇水过多会导致其质壁分离，使原生质受损伤，因此，这株花也就完全死亡了，叶片自然也就萎蔫了。

处理办法：应立即将花盆移至阴凉处，向叶面喷些水，浇少量水，以后随着茎叶逐渐恢复挺拔，再逐渐增加浇水量。

Q 蒲包花种植时要注意哪些问题？

A 在各种草本花卉中，蒲包花对栽培环境条件要求较高，比较“娇气”，比许多花草都难侍弄，既怕冷、怕热又怕湿。它还经常需要长日照，在花芽孕育期间，每天要求16～18小时的光照。如果在温室内装上日光灯，日夜给予照明，则生长发育更为壮旺，花朵也大得多。如果光照不足就会推迟花期。因此，种植时，各种条件都要保证适宜。

Bellis perennis（拉丁名）

雏菊

★科属：菊科、雏菊属

★别名：春菊、马兰头花、太阳菊

★花期：3～6月

生长特征

雏菊株高15～20厘米，叶基部簇生，匙形。花序单生，头状；花径3～5厘米，舌状花为条形。有白、粉、红、黄等颜色。

养护管理

浇水：以盆土见干见湿为宜，一般7～10天浇1次水。

施肥：每隔2～3周施1次稀薄肥水或者水溶性肥料；3月开花后，停止施肥。

光照：雏菊喜光，在生长期和开花期，如果光照充分可促进植株的生长，使叶色嫩绿、花量增加。

介质：要求肥沃、湿润、排水性良好的土壤。

病虫害：雏菊的病害主要有猝倒病、灰霉病、褐斑病、炭疽病等，治疗起来比较简单，只需用百菌清800～1000倍液或甲霜灵1000～1500倍液进行喷洒即可。虫害主要有蚜虫、天牛、地老虎、大青叶蝉等，可先期预防，发现后用笔刷刷除即可。如若虫害严重时，可喷施乐果等农药进行灭杀，也可喷施敌敌畏等药喷杀。

繁殖：雏菊一般都通过播种法繁殖，9月初将种子点播于培养土中，保持18℃～20℃的温度和适当湿度，即可发芽，幼苗长出后要及时进行间苗，当苗长有2～3片真叶时即可移植。

修剪：平时及时剪去枯枝残叶即可。

布置应用

雏菊既可以装点居室、厅堂，也可以摆放在庭院中美化环境。另外，还有吸收二氧化硫，净化空气的作用。

养护问答

Q 水肥都没有短缺，为什么雏菊还是植株小，而且总也不开花？

A 水和肥都适当，雏菊的植株矮小且不开花，很有可能跟温度有关。雏菊生长的最适宜温度是18℃～22℃。当温度低于10℃时，就会出现植株生长相对缓慢，开花延迟、植株短小等情况发生。所以，一定要保证雏菊的生长温度要适宜。

• Gypsophila（拉丁名）

满天星

★科属：石竹科、丝石竹属

★别名：丝石竹、六月雪

★花期：5～9月

生长特征

满天星属常绿多枝矮灌木。株高为65～70厘米。茎细皮滑，分枝甚多。叶片窄长，对生或丛生，狭椭圆形或狭椭圆状倒披针形，先端有小突尖，无柄。花细如豆，常生于枝顶或者叶腋，白色至淡粉红色，多为单瓣，也有复瓣。

养护管理

浇水：满天星不喜湿，浇水不可过频，土壤要保持见干见湿，而且下雨天盆内不可有积水；但到夏季炎热干燥时，早晚要向叶面喷水以降温增湿。

施肥：满天星较喜肥，可在入冬之前和花谢后各施1次腐熟的饼肥水，但不可施肥过多，否则影响树形美观。

光照：满天星比较耐阴，生长期间宜放置在半阴的环境中，切忌烈日暴晒。

介质：要求腐殖质、疏松而排水性良好的微酸性沙土。

病虫害：满天星不常发生病虫害，若有叶斑病危害，可用65%代森锌可湿性粉剂600倍液喷洒。若有蚜虫或者介壳虫时，可喷洒40%氧化乐果1000～1500倍液或80%敌敌畏1200倍液来防治。

繁殖：繁殖以扦插法为主，也可进行分株繁殖。扦插时剪取成熟枝条10～15厘米长插入沙床，30天生根。

修剪：5～6月要进行摘梢，7月的新芽要摘除。

养护问答

Q 满天星怎样换盆？

A 满天星应在2～3年之间进行换盆1次，可选在在春季3月进行。换盆时要注意剪去枯根，并适当去除部分老根和旧土，换上疏松的腐叶土，这样有利于根系的发育。切记换盆后不能放在阳光下直晒，而应该放在阴凉通风处适应一周左右，然后再逐渐恢复正常的养护方式。

• Ardisia crenata sims
（英文名）

金玉满堂

★科属：紫金牛科、紫金牛属

★别名：朱砂根、大罗伞

★花期：6～7月

生长特征

金玉满堂属矮小灌木。有匍匐生根的根茎。红色的果穗下垂着，像熟透的樱果结于全株的下半部分，果实为球形，直径约6毫米，鲜红色，有腺点。其叶互生，椭圆状或长圆状披针形，革质，顶端渐尖，全缘锯齿形。复伞房状花序，无毛，花瓣卵形，白色或带紫色。

养护管理

浇水：春天或秋天上盆栽种后，浇1次透水，平时保持盆土见干见湿即可，入冬后控制浇水。

施肥：生长期每10天施1次含有磷肥的腐熟肥，果期以施钾肥为主。

光照：金玉满堂喜半阴环境，夏季不宜放在阳光下暴晒，春、秋两季宜放在通风良好的散射光处，冬季宜放在阳光充足的地方。

介质：金玉满堂适合在排水性良好的沙质或腐殖质壤土中生长。

病虫害：金玉满堂一般很少发生病害，偶尔会发生根腐病，可用绿乳铜或托布津800～1000倍液喷根。虫害主要是造桥虫和钻心虫，可用40%的乐果1000倍液或者90%的敌百虫1000倍液来喷杀，1周1次，连喷3次即可。

繁殖：金玉满堂主要以扦插法和分株法繁殖。进行扦插时，可选择当年生带叶的健壮枝条，剪成10厘米长的段，上端留几片叶，下端的叶全部去掉，然后将下端削成斜口，或者两边各削一刀，削成“V”字形，然后将其插入培养土中即可，保持适温适水，2个月后即可移栽。分株繁殖方法为，春天换盆时将植株基部生出的蘖芽进行分栽即可，长成新的植株。

修剪：金玉满堂植株不宜太高，可以通过修剪使植株变矮，枝杈变多，株形变规整。

布置应用

金玉满堂寓意美好，特别适合于放置于客厅内装点环境，也可以放置在书房或者卧室中。此外，金玉满堂全株均可入药，具有消肿解毒、祛痰止咳、清热降火等功效。

养护问答

Q 金玉满堂的生长适温是多少?

A 金玉满堂的生长温度以16℃～28℃最为适宜。冬天越冬时，养护金玉满堂的温度不得低于5℃，否则植株就会停止生长。

Q 金玉满堂的果子上长了好多黑点点是怎么回事?

A 金玉满堂的果子上长黑点是正常的，不但果子上有，花朵上也有，人们称其为"麻子"。金玉满堂属紫金牛科，而紫金牛科的植物一般都会出现这种情况，也就是所说的"腺点"。这都是在果子还没成熟的时候长出来的，而且比较明显，其实等到果子成熟后，晶莹红亮，一美遮百丑，麻子也就不明显了。

Q 金玉满堂可以缓解跌打损伤吗?

A 金玉满堂具有活血化淤的功效，所以有益于跌打损伤的恢复。它不但可以治疗跌打损伤，还可以改善关节风湿病。具体用法为：取金玉满堂9～12克，用水煎服，也可以捣烂后外敷。可以用花、果，也可以用枝叶，金玉满堂的全株都可入药。

Q 金玉满堂结果少是什么原因?

A 植株缺氮肥往往会导致结的果子少而且不饱满，枝叶分枝也少，严重影响植株的美观。所以在注意了水分和光照后，还要在施肥的时候给植株适量施加氮肥，这样可以使果大而多，且枝叶繁茂。

Q 用播种法能否繁殖金玉满堂?

A 一般金玉满堂可采用分株法或扦插法繁殖方式，但也可以采用播种繁殖的方法，播种后要用3～4年的时间才能开花结果，所以该法很少被采用。播种繁殖的具体做法为：12月份果子熟后，挑最大的果子，捣烂，清洗出种子，放在阴凉处晾干，种子可以随采随播，也可以用沙储藏到明年春天3月份再播种；将种子播种于培养土中，覆薄土，保持土壤湿润、温度适中，12月份播种的话，第二年的3月份可出苗，幼苗需遮阴，培养一段时间后即可移植了。3月份播种的话，半个月后即可出苗。

Q 金玉满堂的叶子发黄是怎么回事?

A 叶片枯黄，多是由于浇水太勤或受冻所致。一般情况下，给金玉满堂浇水时，应在表土见干后再浇透，不能不干不湿时浇水；平时不要放在无光照的地方；湿度不宜太高，应保持在10℃～15℃之间即可，过上10～15天再逐渐升温或保持现状即可，待室外气温适宜时，再作露天养护为佳。

Q 金玉满堂根部长出了好几棵小株，不知道是留着让它们长还是留一棵还是全部剪掉，剪掉不带根的小棵是否能成活?

A 金玉满堂盆栽一般保留3条最强健的枝条。如果根部新生出许多小根，可以将剪掉的枝条用扦插法进行繁殖，不过如果能带根的话，成活的概率会高一些。

Q 金玉满堂在浇水后叶子为什么还是萎蔫的呢?

A 导致枝叶萎蔫的原因有光照不足、浇水较勤或干旱、底部托盘积水渍过多、冻害等。建议将其放于散射光照处，盆土表面不干燥时不要浇水，暂时不要向根部施肥，如果3天后仍不能恢复，系根腐烂所致。

• Elephant-foot tree（英文名）

★科属：龙舌兰科、酒瓶兰属

★别名：象腿树

★花期：5～8月

生长特征

酒瓶兰为树状的多浆植物。其茎干具有厚木栓层的树皮，龟裂成小方块，为灰白色或褐色，茎基部比上部要膨大，形状就像酒瓶。其叶子像是插在酒瓶中，着生于茎干的顶端，细长线状，革质而下垂，叶子的边缘具有小小的细锯齿。酒瓶兰的花为白色。

养护管理

浇水：酒瓶兰茎干部能贮水供缺水时使用，因此其特别耐干旱，半年不浇水仍能正常生长。为其浇水宜掌握宁干勿湿的原则，盆内不要有积水。一般11月至次年3月，以每月浇水2次为宜，4～10月每月浇水4次，其他情况应灵活对待。

施肥：除冬季停止施肥外，其他季节每周施1次液肥或复合肥，促使其基部膨大。

光照：酒瓶兰喜光，不可长时间放在阳光不足处，否则叶片生长细弱，植株不健壮。

介质：喜疏松、肥沃的沙质土壤。

病虫害：酒瓶兰偶尔会遭受叶斑病的危害，可每半个月喷洒1次波尔多液来防治。虫害主要是盲蝽、粉虱和介壳虫，可用40%氧化乐果乳剂1500倍液进行喷杀。

繁殖：酒瓶兰常用扦插法和播种法来进行繁殖。

修剪：基本不用修剪。

布置应用

由于酒瓶兰的形状比较有意思，所以小型盆栽摆放在居室中或几案上，不仅有趣而且别致。

养护问答

Q 酒瓶兰多久换1次盆?

A 一般是每2～3年换1次盆，以在春季换盆为佳。因为春季时，酒瓶兰的新叶尚未大量萌发，换盆不易影响生长。换盆时将周围旧土去掉，换上大一号的盆即可。另外，刚上盆时，选盆尽量选用高腰盆，盆径不宜太大，以口径比植株的茎基部直径大1/3为佳。切记，上盆时将茎基部全部露出土面。

菊花

• Flos chrysanthemum
（拉丁名）

★科属：菊科、菊属

★别名：秋菊、帝女花、寿客

★花期：9～11月

生长特征

菊花为多年生宿根草本花卉。株高为30～100厘米不等。开花后茎大多数枯死，叶为单叶互生。叶柄长2厘米左右，叶子形态为卵圆形至长圆形，边缘有钝锯齿及缺刻。头状花序，或顶生或腋生。

养护管理

浇水：夏季高温时，每天浇水1～2次；冬季寒冷，浇水次数要减少。

施肥：立秋之后施薄肥1次，在孕蕾后，每隔1周施1次稍浓点的肥水，结成花苞后，再施1次浓肥即可。

光照：适宜置于阳光充足、通风条件好的地方。

介质：土层深厚、疏松肥沃、排水性良好、富含腐殖质的土壤，也可泡养。

病虫害：菊花常见的病害主要有叶斑病、黑锈病及褐斑病。预防叶斑病可用50%托布津粉剂加800倍水进行喷洒，每周1次，3周即可治愈；对于黑锈病和褐斑病，发病初期可用50%托布津粉剂加1000倍水喷洒。虫害主要有红蜘蛛、蚜虫。在虫害的发生初期可使用50%辛硫磷乳剂加1200倍左右的水溶液来喷杀。

繁殖：菊花有扦插法、嫁接法和分株法3种繁殖方法。

修剪：菊花平时不用修剪，但要注意摘心和疏蕾。

Q 菊花叶片边缘呈褐色病斑，叶柄和花柄软化后外皮腐烂是什么原因？

A 出现这种情况说明菊花已患上了灰霉病，这多与氮肥施用过多、栽植过密、土壤质地黏重等有关。防治此病要求土壤必须是无病菌新土；若发现病叶及病株时要及时清除，深埋或集中烧掉，以免使病害蔓延；还要重视栽培管理，注意通风。

• African marigold（英文名）

万寿菊

★科属：菊科、万寿菊属

★别名：蜂窝菊、臭芙蓉、万寿灯

★花期：6～10月

生长特征

万寿菊为一年生草本植物。其茎直立，粗壮，分枝较多，株高在80厘米左右，叶子或互生或对生，羽状全裂，裂片针形或者是长矩圆形，有锯齿，叶缘背面具有明显的油腺点，有强臭味。其顶生头状花序，有时为舌状花，有长爪，花瓣边缘常皱曲。花色有黄色、黄绿色及橘黄色。

养护管理

浇水：根据见干见湿的原则来浇水，浇水的时间也要视季节而定，夏秋季节温度较高，适合早上浇水，冬春季节温度较低，要在中午气温较高的时候浇。

施肥：万寿菊喜钾肥，施肥应以钾为主，氮、磷为辅，在生长季节每半月左右追施1次。

光照：万寿菊喜光，应置于阳光充足、空气流通的地方养殖为宜。

介质：要求肥沃、深厚、排水性良好、富含腐殖质的沙质土。

病虫害：万寿菊幼苗易感染猝倒病，要注意土壤的消毒，发现病害立即喷洒1000倍液甲基托布津或75%百菌清600倍液加以防治；还有一种病害为灰霉病，针对这种病，可用灰霉克绝1000倍液喷雾或者用疫霜灵800倍液来防治。虫害较为严重的是潜叶蝇和红蜘蛛，潜叶蝇的防治可以用潜必多1000倍液喷雾，红蜘蛛可喷施1500倍液40%乐果乳油来防治。

繁殖：万寿菊可以采取扦插或者播种的方法来繁殖。播种的时间为3月下旬～4月初，适合发芽的温度为15℃～20℃，播种后大约1个星期出苗。扦插法的适宜时间为每年的5～6月。

修剪：万寿菊长得太高会影响其观赏价值，所以徒长的枝叶要及时剪掉。还有，花期过后要及时剪万寿菊掉残花和过密的茎叶，以免消耗养分。

布置应用

万寿菊用于庭院、花坛、绿地的布置。其花还可解毒。

养护问答

Q 怎样使万寿菊矮化?

A 通过修剪整形、药物处理等方法可控制万寿菊的高度。万寿菊栽植后不宜过多施肥，施肥过多会造成枝叶徒长。为了控制其高度，要及时修剪整形；如果万寿菊生长较快，分枝较强，可配制300倍液的B9在植株20厘米左右时，喷洒叶面和生长点，反复3～4次，当万寿菊现蕾时停止，以此达到矮化效果。

Q 万寿菊的适宜温度是多少?

A 万寿菊生长的适宜温度20℃～25℃，如果温度高于30℃或者是低于12℃，均会造成万寿菊生长缓慢。春、秋两季要特别注意温度的变化，当温度过高时，一定要及时开窗通风，使温度降低。只要温度维持在12℃以上，万寿菊就可正常开花。

Q 开花前上盆，要如何养护管理?

A 一般在万寿菊开花前的15天左右就需要移栽上盆了，最好选用的花盆口径20厘米、高16厘米，将幼苗移植到盆内。如果是晴天，最好选在傍晚移栽，阴天则全天均可进行移栽。上盆后第一次浇水要浇足，以后要视气候而定，适当浇水或者喷水，直至成活后方可进入正常养护管理阶段。在栽植后的第5天傍晚可进行1次根外施肥，用800倍的磷酸二氢钾与600倍的尿素混合液喷洒叶面1次，可补充新栽幼苗的养分。

移栽后7天左右即可成活，每7天至10天追氮、磷混合肥1次。在整个养护管理过程中，最好20天左右移动一次花盆，以防根系扎入地下。

Q 万寿菊插穗前需要准备什么?

A 万寿菊的扦插一般在5月至6月，可以利用万寿菊修剪下来的枝条进行扦插，一般留3～5节，有无顶芽均可。要注意的是，插穗基部的叶片一定要修剪干净，以免散失过多的水分，修剪时切口一定要光滑，插穗下部的切口要斜切，以便利于水分和养分的吸收。

Q 万寿菊一天浇2次水，为什么叶子还会枯萎？该怎么养护呢?

A 万寿菊不缺乏水分却叶片干枯，证明不是土壤水分的问题，很可能是环境的风力太大，从而导致叶片失水。万寿菊是不耐霜冻的植物，在受冻害后往往很难恢复，一般需要将上部冻害部位修剪掉，再加强肥水管理，促使其萌发新的枝叶。由于万寿菊不耐高温酷暑，所以在夏季易生长不良，所以一定要保证万寿菊的湿度，同时浇水不宜太勤。另外，还要注意蚜虫等病虫害的防治。

Q 怎样使万寿菊在夏、秋两季开花?

A 如果要让万寿菊在夏季开花，需在3月下旬到4月中旬开始播种，播种后的室温保持在20℃左右。当出苗后长出3片真叶时，立即分苗上盆或移栽到花坛中，进行正常的养护管理，通常会在6月份可以开花。如果想让万寿菊在秋季开花，就需在在7月下旬播种，2个月左右就可以全部开花。

如果想让万寿菊在7～8月间开花，那么在春播的植株上剪取10厘米长的嫩枝插在细沙中，蔽荫养护10天，生根后上盆或地栽，1个月后便可以开花。

• Florists cineraria（英文名）

瓜叶菊

★科属：菊科、瓜叶菊属

★别名：千日莲、瓜叶莲、千里光

★花期：11月至次年4月

生长特征

瓜叶菊为多年生草本植物，常作1～2年生栽培。全株密生茸毛，茎直立，叶片呈心脏状卵形，叶缘边有波状或多角状的齿，叶片形如瓜叶，绿色光亮。叶柄较长，茎生叶的叶柄有翼，根出叶的叶柄无翼。花序密集覆盖于枝顶，呈一锅底形，花色有蓝色、紫色、红色、粉色、白色等。

养护管理

浇水：瓜叶菊喜湿润的环境，可适当地保持盆土湿润，但也不能使盆土过湿，否则水分过多容易烂根。平时浇水要看盆土干燥后再浇，基本上2～3天浇1次水即可，如果是夏季，可每天向叶面上喷施两次水来增湿。有花蕾后要控制浇水。

施肥：生长期的瓜叶菊可每7～10天追施1次稀薄饼肥；现蕾后开花前增施1～2次磷酸二氢钾1000倍溶液肥。施肥时一定要避免污染叶片，以免影响瓜叶菊生长。

光照：瓜叶菊喜阳光充足且凉爽通风的环境，平时可放在向阳处养护。

介质：要求疏松、肥沃、排水性良好的中性和微酸性土壤。

病虫害：瓜叶菊病害主要是白粉病、黄萎病侵害。对付白粉病除了及时摘除病叶外，还要喷洒50%多菌灵1000倍液或托布津800～1000倍液防止其蔓延。如果发现生有黄萎病后

布置应用

瓜叶菊可以摆放在室内客厅、书房、案头或者窗台上，也可以装点庭院或者布置花坛，还可以用来点缀节日气氛。

除立即拔除并销毁染病的植株外，还应喷洒0.5%高锰酸钾水溶液进行消毒。虫害主要有蚜虫病，可通过喷施40%乐果1500～2000倍液进行防治。

繁殖：瓜叶菊繁殖有播种法、扦插法和分株法3种。在播种繁殖时，一般选在8月下旬或9月进行，切记播种的盆土要细软疏松，盆土可用腐叶土和细沙各半配制。具体的播种方法是将盆土用水浸透，再将种子均匀撒于土表，覆盖上薄土。然后在盆面上盖上玻璃或者薄膜，置于阴凉处保湿，通常7～8天即可萌芽。

当幼苗长出2～3片真叶时，即可移植于小盆中，待长出5～6片真叶时即可定植于较大的花盆中。

修剪：花谢后进行修剪即可。

养护问答

Q 瓜叶菊叶片上面出现了许多小白斑点，这是怎么回事呢？

A 瓜叶菊出现此现象，多半是白粉病。瓜叶菊在幼苗期和开花期，如果室温过高、空气湿度过大，叶片最容易发生白粉病。可能刚开始时只是零星的、不明显的白斑，到最后就会发展成整个叶片都出现白色粉状霉层，严重时会浸染叶柄、嫩叶、花蕾等。如果植株受病菌侵害后，叶片、嫩梢会出现扭曲萎蔫，生长衰弱等症状，有的甚至不能开花，以致死亡。因此，一旦瓜叶菊出现白斑病症时，一定要赶快医治，还应注意保持良好的通风环境、充足的阳光等。

Q 瓜叶菊有哪些种类？

A 瓜叶菊主要可分为4种：**多花型**。花很小，且非常多，每株可达400～500朵，株高25～30厘米；**星型**。花比较小，花直径约有2厘米大，植株多高于60厘米，有时可以高达1米，叶花多，约120朵，花瓣细短，已培育出矮性品种；**大花型**。花比较大，直径4厘米以上，株高约30厘米，花生长得密集；**中间型**。花径较星型大，约3.5厘米，株高40厘米。

Q 瓜叶菊的生长适宜温度是多少？

A 通常情况下，瓜叶菊生长期的最佳温度宜在15℃～20℃之间。如若生长期温度高于21℃时，会发生徒长的现象；如若温度低于5℃时，植株即停止生长发育；如若在0℃以下会发生冻害。此外，瓜叶菊开花期的最佳温度宜在10℃～15℃之间，如果低于6℃或高于18℃都会影响瓜叶菊的开花和观赏价值。

Q 瓜叶菊冬季养护的关键是什么？

A 瓜叶菊对湿度有较高的要求，只有湿度适宜时才能使其生长良好。那么，如何保证冬季湿度适中就是栽培瓜叶菊成功的关键。通常情况下，如果让瓜叶菊常处于干燥环境下，会使其叶片萎蔫，甚至出现叶片发黄的现象，也易产生红蜘蛛和蚜虫。如果浇水过多，室内湿度过高，又会使根系、主茎、叶片腐烂，同时也易产生蚜虫；如果加上室温过高，通风条件不好，易产生白粉病。因此，在养殖瓜叶菊时，一定要保证温度适中、湿度适宜、通风良好。

• Wintersweet（英文名）

腊 梅

★科属：腊梅科、腊梅属

★别名：黄梅花、冬梅、雪梅、蜡梅

★花期：冬季

生长特征

腊梅为落叶丛生灌木。高4～5米，树干呈黄褐色，树皮皮孔明显，有纵棱。单叶对生，呈椭圆状卵形，长7～15厘米，表面有硬毛，背面光滑无毛。花单生于枝条叶腋下，有短柄及杯状的花托，花被多片，外部花被片呈卵圆形，黄色，且有紫色条纹；雄蕊5～6枚；心皮多数，分离，着生于空壶形的花托内。花托可随果实的发育而增大，若成熟时为椭圆形，蒴果状，半木质化，上部有棱角，口部收缩。

养护管理

浇水： 盆栽时，应掌握干透再浇水的原则，不可多浇，也不可少浇，应当盆土出现旱白现象时浇水即可。

施肥： 每年5～6月间，可隔1周施1次饼肥水，肥与水搭配的比例为3：10；7～8月间，可每15～20天施1次肥水，肥与水的搭配比例1：5；9～10月，应施干饼肥以供开花时对养分的需要；进入11月份，可暂停施肥，否则会将花期缩短。另外，所施的肥料必须充分腐熟，否则很容易造成烂株、烂根等情况。

光照： 腊梅喜背风向阳的位置，光照可不避直射。

介质： 盆土可使用排水性好、疏松肥沃、微酸性质的沙质土壤，以腐叶土、培养土以及粗沙的混合土为最佳。

病虫害： 腊梅约有10种病害，较普遍主要是叶部病害，其中炭疽病、黑斑病较常见，枝干病害和根部病害较少发生。防治时可清除病落叶，集中销毁，以减少侵染源。发病严

布置应用

腊梅适合摆在家中怡情赏玩，也可放置在饭店、商场内让顾客欣赏。另外，腊梅还有很好的药用价值，可制成腊梅花茶，有提神醒脑、解暑生津之功效。

重时可喷洒50%多菌灵可湿性粉剂1000倍液喷施。常见虫害主要有龟蜡蚧、蚱蝉及大蓑蛾等。龟蜡蚧会造成植株叶黄或煤病滋生，防治此虫可用稀释后的氧化乐果乳油或杀螟松乳油喷雾来进行防治，效果较好。蚱蝉常造成枝条枯死，可用面团洗出的黏性面筋放在竹竿竿头，粘捕成虫。

繁殖：腊梅的繁殖可以用播种、压条、嫁接、分株等方法。采用较多的通常是嫁接法。

修剪：腊梅的修剪可分为两次进行。第一次是在花期过后，将一些病虫枝、过长枝及衰弱枝修剪掉，以使盆树保持透风良好。第二次是在夏季进行，将一些生长过密的侧枝剪掉，将营养生长过渡为生殖生长。

养护问答

Q 腊梅有什么药用价值?

A 中医认为，腊梅花味甘、辛凉，有解暑生津、开胃散淤、止咳醒脑的作用。现代医学也证明，腊梅花中含有龙脑、桉油精、芳樟醇等成分。这些成分可以解暑清热，止晕止吐，并能缓解口干舌燥等症状。我国民间也常用腊梅花煎水给孩子饮服，用此来给孩子清热解毒。

Q 腊梅可以食用吗?

A 在我国，将腊梅入膳的习俗已经有很久远的历史。我国人民常用腊梅做菜肴及点心，不仅味道鲜美，还有健身延年、祛病益身的功效。

人们用腊梅做成腊梅汤、腊梅花茶、腊梅馅糕饼等，样式枚不胜举。那么人们为什么这么爱吃腊梅呢？主要是因为腊梅具有较好的药用价值。因此，腊梅不但可以食用，而且被广泛的食用。

Q 请问怎样嫁接腊梅?

A 腊梅的嫁接法可分为切接和靠接，通常采用的是切接法。切接法一般在3月中旬左右，就是在腊梅叶芽刚萌发至米粒大小时进行。切接法通常用狗牙腊梅的实生苗为砧木，以素心或磬石腊梅为接穗。切记，切接所用的接穗一定要在1个月前就选定，然后再将其顶梢截去，但不能削的太深，以免影响成活率，做此主要是可使养分集中到枝条中段的芽上。在削切好后，将切接的接穗放在土壤湿润的沙土中。

1个月后，可松开封土，检查腊梅幼苗是否成活，若已成活，则抹除砧木上的其他新芽，以促接芽的成长。接着，可将松土盖在上面，以免刚接活的嫩芽因为受到风吹日晒而死亡。再经过大约1个月后就可逐渐将上面的土去掉，让芽苗逐渐接受阳光，进行盆栽即可。

Q 腊梅有多少个品种?

A 腊梅是我国特产的传统名贵观赏花木，主要分布在黄河流域以南地区，秦岭地区及湖北地区，这些地区的腊梅以野生为主，其余各地均以盆栽为主。

腊梅主要有4个品种群，12个品种型165个品种。这些品种的颜色各不相同，有金黄色、纯黄色、墨黄色、淡黄色、紫黄色，也有雪白色、银白色、黄白等色，但以河南省鄢陵所产的金钟梅为最佳。

• Tree of kings（英文名）

朱蕉

★科属：百合科、朱蕉属

★别名：千年木、红叶铁树、红竹

★花期：冬季至次年早春

生长特征

朱蕉为龙舌兰科灌木植物。其主茎挺拔，不分枝或少分枝。叶顶端渐尖，基部渐狭，聚生于茎顶，颜色为绿色或紫红色，绚丽多变。叶柄有槽，基部阔而抱茎。花淡红色至青紫色，间有淡黄色。

养护管理

浇水：朱蕉耐水湿，抗干旱力差，尤其在生长期要浇水充足。干旱季节和夏季天气炎热时每天除浇水外，还要往叶面上喷水1～2次，以滋润叶片。

施肥：生长旺季每隔半个月施1次薄肥水或复合花肥。

光照：朱蕉易被烈日灼伤而枯黄，夏季要注意遮阳。朱蕉较耐阴，平时可放在室内半光处培养，冬季可放置于室内光线充足处。

介质：不宜不种植在盐碱土壤中，对土壤的要求不高，喜保水能力强的腐殖土，也可以在沙土中生长。

病虫害：朱蕉主要易受炭疽病和叶斑病危害，可用10%抗菌剂401醋酸溶液1000倍液喷洒。虫害主要有介壳虫或红蜘蛛，可像其他生此虫害的植物一样防治。

繁殖：朱蕉主要采用播种法和扦插法来繁殖。秋天朱蕉果实成熟后，将种子采下来，点播于培养土中，15天左右即可发芽，幼苗长至5厘米左右时即可移入小花盆，1盆栽1株。如果采用扦插法繁殖时，可取茎干截成10厘米长的插穗插入素沙中，待新枝长到5厘米时移栽即可。

修剪：可适当进行修剪。

布置应用

朱蕉可以用来装点厅堂出入处、茶室、书房等。

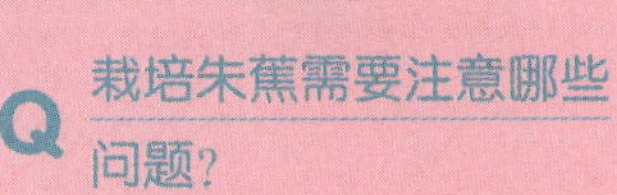

养护问答

Q 栽培朱蕉需要注意哪些问题？

A 栽培朱蕉时需注意以下几点：一、朱蕉喜酸性土，宜选用泥炭与椰糠合成的培养土。二、朱蕉不宜过阴，除避阳光直射外，应尽可能增加明亮的散射光照，使叶色光泽红艳。三、夏季宜维持高空气湿度，每天应向植株叶面喷水1～2次。四、早春结合换土翻喷、修剪，促其抽发分枝，使植株更丰满。

Part4

第四章

浪漫居家生活中的花卉选择

在家里，养些郁郁葱葱的植物，不但赏心悦目，还能为家庭营造良好的环境。暂且不说花草具有净化空气、消除污染的作用，单就那一抹清新的绿色就足以令人感到惬意，更不用说鲜花带给空间的雅致情调了。然而，并非喜欢花草的人都知道品种繁多的花草该如何在家中布置摆放，又该选择哪些品种。现在，就让我们一起了解一下，居室中都该摆放些什么样的花草吧！

不同居室配色方案及适宜植物一览表			
厨房	厨房是做饭的地方，适合在这里摆放的花很少，因为厨房内的油烟较大，而一般的花草都比较“惧怕”油烟。这样能吸附烟尘的花卉就有了用武之地，它们可以放在上风口的位置，也可以作为壁挂装饰。一般可选择一些适应性强的小型盆花，如小杜鹃、小型龙血树、蕨类植物等及小型吊盆植物等。	配色方案	在厨房中，想减低食欲可采用蓝绿色系，想引发食欲则可摆橘黄色系植物。
		适合植物	适宜摆放叶面不易沾尘的观叶植物如咖啡树、竹柏、吊竹梅或西瓜皮豆瓣绿等。
浴室和卫生间	浴室和卫生间是清洁、沐浴和上厕所的地方，是居室中空间比较狭窄，自然通风效果较差的地方。一旦遇到无风、逆温天气，卫生间里的异味很难排到室外，甚至会扩散到居室内，污染室内空气环境，极易使细菌、真菌滋生，这样的空间以配置一些吸收异味的花草为宜。	配色方案	无开窗或光线暗弱的浴室，特别需要选择叶色较浓绿的植物来摆设。
		适合植物	适宜摆放观叶植物如铁线蕨、蔓绿绒、粗肋草、孔雀蔺、翠云草、细叶卷柏等。
阳台	阳台通常是居住者接受光照、呼吸新鲜空气、进行锻炼、观赏、纳凉、晾晒衣物的场所。如果能够布置得当，阳台可以变成宜人的小花园，使人足不出户也能欣赏到大自然中最可爱的色彩，呼吸到清新且带有花香的空气。	配色方案	阳台宜布置一些耐阴性的开花植物，以及色彩度较高的观叶植物。
		适合植物	适宜摆放开花植物如凤仙花、白鹤芋、鸟尾花、大岩桐或者观叶植物如观叶秋海棠、彩虹竹蕉，也可摆放攀爬和悬垂性的植物如翡翠珠、虎耳草、蔓绿绒、毛萼口红花等。

（续表）

客厅	客厅通常是招待客人最常用的地方，也是家人起居休息的重要空间。所以，客厅里的花草布局有时会让人煞费心思。对于客厅，应视节庆或访客性质的变换来盆栽花卉。	配色方案	平日工作忙碌的家庭可选择绿色观叶植物来舒缓压力；假日休闲时可换上色彩较缤纷的花卉来装饰。
		适合植物	适宜摆放玫瑰、菊花、百合等花卉。另外，花、叶光洁且小巧的盆栽，如竹柏、短叶虎尾兰、圆叶蔓绿绒、黄边百合竹等也可以摆放。
书房	书房是看书和学习的场所，在花草的布置上应以清静、雅致为主，这样会给人以宁静、幽雅的氛围。比如在书桌上放置一两盆凤尾竹、文竹、五针松等，会显得宁静、清逸。在书柜顶端放置常春藤，能形成多层次的立体绿化效应。	配色方案	书房中摆放几盆自然的花草，可使书房充满生机。不宜摆放枝叶过大的植物，以免妨碍翻找书籍等动作。
		适合植物	书房中可摆放文竹、棕竹、常春藤等花草，来彰显书房的文雅。还可摆放蕉叶类植物增加书房的清新气息，还能增加明亮的散射光照。
卧室	卧室又称卧房、睡房，顾名思义就是供人们睡觉、休息的空间。分为主卧、次卧和客卧等。卧室中宜营造幽美、宁静的环境。	配色方案	想营造浪漫的气氛，可选择红、粉红、黄色等鲜艳的花卉搭配。以清雅柔和的粉色、绿色植物为佳。
		适合植物	适宜摆放文竹、百合竹、圆叶蔓绿绒等花卉。也可以摆放锦鸡尾、咖啡树、黑美人等小型盆栽。
庭院	庭院是家庭中空间比较大，开放式环境比较好，阳光比较充足的地方。庭院的形状有很多种，有正方形、长方形、宽扁或窄长等，如果想将庭院绿化一下，那就要用硬地铺装和绿化的结合方式来进行。绿化的部分应注重层次和色彩搭配。	配色方案	庭院采取多色系的配色方案比较好，如可以采用丛植、对植、花丛等多层次配置，让庭院充满生机。还可多选用木本花卉配植，常绿树种和彩叶树种叶形和树姿进行合理搭配，营造具有明快和谐氛围的庭院。
		适合植物	适宜选用神形皆具野趣的花木高矮错落搭配，如海桐、野牡丹、姜花、兰草、还魂草、蕨类等。

客厅

多用大型盆栽花卉会更好

• Pachira macrocarpa
（拉丁名）

发财树

★科属：木棉科、瓜栗属

★别名：瓜栗、中美木棉

★花期：4～5月

生长特征

发财树属常绿乔木。树高8～15米，掌状复叶，小叶5～7枚，枝条多轮生。花大，长达22.5厘米，花瓣条裂，花色有红、白和淡黄，色泽艳丽。4～5月开花，9～10月果熟，内有10～20粒种子，大粒，形状不规则，浅褐色。

养护管理

浇水：发财树比较耐旱。春秋两季可2～3天浇水1次，夏天则可每天浇水，冬天宜减少浇水次数，待盆土干燥后再行浇水即可。

施肥：生长期间每月追加肥料，开花期间宜减少肥料施用。以腐熟有机肥料或缓效型肥料为基本肥料混合于栽培介质中即可。

光照：喜欢光线充足的环境，但应避免阳光直射。

介质：发财树对介质的适应能力相当强，无论是在贫瘠的土壤还是一般土壤，或是混合均匀的有机土壤中，都能成长良好。

病虫害：根腐病、茎腐病、叶枯病、蔗扁蛾。

繁殖：扦插法和播种法。

修剪：可根据房间大小定期进行修剪，如果发财树生长较快，可用手锯将其锯矮。修剪完后要在伤口处涂抹香烟灰或草木灰，以免伤口腐烂。

布置应用

发财树以其特殊的外观赢得很多人的喜爱，经常被绑上红丝带或者金元宝作为过年送礼的佳选。更重要的是，其具有净化空气中有毒物质的作用。

养护问答

Q 发财树用换盆吗?

A 一般情况下，发财树不需要换盆，除非是介质已呈现结块硬化现象，或盆子过小不适合植株继续成长，才需换。换盆要选在春季进行。

Q 发财树为什么会死亡?

A 发财树生性强健、喜光照、耐阴力强，在弱光条件下也可正常生长。其茎干中储存有较多水分，因而有较强的耐旱能力，可以长时间不用浇水。但应记住的是，浇水不能过湿，忌让其盆内积水。夏季高温时，要每周保证施一次以氮肥为主的液体肥料，以满足其生长需要。越冬温度应在12℃以上，低于这一温度叶片会变黄脱落，此期间应控制浇水量，发财树在冬季死亡多数是由于盆土过湿致使根系腐烂造成的。

Q 如何扦插繁殖发财树?

A 扦插繁殖发财树一般选在春、秋两季。选取发财树健康的枝条部分，取15～30厘米长的枝条作为插穗，将插穗插入提前准备好的介质中，充足浇水后将其稳固，然后置于阴凉通风处即可。

Q 如何给发财树做“造型”?

A 发财树的生长十分迅速，所以要时常修剪。在修剪过程中，可以根据个人喜好，给自己的发财树做造型。常见的造型有以下四种。

◎**独株种植**：适合茎干粗大的植株，可将其茎干截短作为基部，让其由基部顶端重新发出许多细枝，使其成为一盆大树的迷你缩影造型。

◎**辫子型**：在发财树生长期，利用铁丝将2～3株茎干交互缠绕，让其长成辫子形状。

◎**群聚型**：将数棵茎干较细小的发财树聚集种植，使其长成一丛。

◎**个性造型**：可按照个人喜好，在发财树生长期内，用铁丝将其塑造出各种各样的造型。

Q 应将发财树摆放在室内的什么地方?

A 发财树喜阳又耐阴，可以将其放在宽敞明亮，有阳光照射的客厅。在充足的阳光下培养的发财树，其叶片油亮翠绿。不要让强烈的阳光直接照射植株，否则会使其叶片焦枯，叶色也会渐渐变淡。此外，养殖发财树还要适当保湿，经常在其叶片上喷点水，可以提高空气湿度。

Q 发财树在室内摆放数月后逐渐落叶甚至枯死的原因是什么?

A 缺光、缺养料和栽培基质积水都易导致发财树落叶甚至枯死。防治方法主要有以下几方面。首先，要预防烂根的发生。选用透气、透水性好的栽培基质，浇水要适宜，遵循见干见湿的原则。其次，注意光照强度。荫蔽过度会因光照不足导致光合作用差，从而使植株生长势弱，造成落叶甚至枯死。因此要把盆株放在室内透光性好的位置，同时注意保持室内通风。最后，应选择大小适宜的发财树进行室内摆放观赏。发财树室内养护主要靠其体内储存的养料。因此应选株高在1米以上，茎粗壮、枝叶繁茂健康的植株。这样的植株根系多、体内养料充足，管理得当不易脱叶枯死。

• Dishgyi（英文名）

滴水观音

★科属：天南星科、海芋属

★别名：滴水莲、海芋

★花期：春季和夏季

生长特征

滴水观音茎底部像芋头，比较粗壮，外皮茶褐色。茎长，肉细光滑，叶大，阔剑形，佛焰苞为黄绿色，春夏季开花，肉穗花序，棒状。当土壤含水量大时，它便会从叶尖端或叶边缘往下滴水，故得名“滴水观音”。

养护管理

浇水：滴水观音在夏天要多浇水，但也不能过量，适宜时干时湿的土壤环境；盆土中不能有积水，否则块茎会腐烂；冬季要休眠，少浇水。

施肥：由于滴水观音生长非常快，所以在生长过程中施肥一定要适量，每月施1～2次氮、磷、钾的薄肥即可，否则容易造成滴水观音茎部下端空秃，影响其观赏价值。

光照：滴水观音需要充足的光照，夏季适当遮阳，其他季节可全天光照；冬季越冬时最低温度不可低于5℃。

介质：喜疏松腐叶土或沙质土壤。通常每年春季换盆1次，可每月松土1次，保持盆土处于通透良好的状态。

病虫害：滴水观音的病害主要有叶斑病和炭疽病。叶斑病可用多菌灵800倍液叶面喷雾；炭疽病须用75%甲基托布津500倍液叶面喷施即可。

繁殖：除了老株可进行扦插繁殖外，一般多通过分株和播种的方法来繁殖。

修剪：不用刻意修剪，只需要把老叶、黄叶剪掉即可。

布置应用

滴水观音除可供观赏外，还具有清热解毒、拔毒、散结等功效。

养护问答

Q 种植滴水观音如何避毒免害?

A 滴水观音的茎内的白色汁液里和滴下的水里都有毒，所以，平时管理除了不碰其滴下的水外，尽量不要弄破它，否则就会有汁液流出来而使人中毒。如果误碰和误食其汁液后，很可能会引起皮肤瘙痒和咽部及口部的不适，胃里面还会有灼痛感；如果是眼睛接触到汁液，有可能会引发结膜炎甚至会造成失明。

• Spathiphyllum mauna
（拉丁名）

绿巨人

★科属：天南星科、苞叶芋属

★别名：一帆风顺、巨叶大白掌

★花期：4～7月

生长特征

绿巨人为常绿多年生草本植物。其株形似白鹤芋，但较硕大，高可达1.2米，且常单茎生长，不易长侧芽。叶墨绿色，有光泽，宽厚挺拔，叶长40～50厘米，宽20～25厘米。其品种有圆叶、尖叶之分，以圆叶种为佳。绿巨人种植1.5～2年后开花，花为白色，苞叶大型，长30～35厘米、宽10～12厘米，有微香，花期长2月余。

养护管理

浇水：绿巨人需水量较大，生长期应每日早晚各浇1次水。盆土内不宜积水，以免烂根。

施肥：绿巨人叶片较大，养分需求多，生长期应5～10天施1次以氮为主的肥料。

光照：喜半阴，且十分耐阴，忌暴晒，光照过烈会引起绿巨人灼伤现象。

介质：植土要偏酸性，并要求较好的透气性。

病虫害：绿巨人常见的病害有细菌性叶斑病、褐斑病和炭疽病，可用50%多菌灵可湿性粉剂500倍液喷洒。另有根腐病和茎腐病发生，除注意通风和降低湿度外，可用75%百菌清可湿性粉剂800倍液来防治。有时发生介壳虫和红蜘蛛危害，可用50%马拉松乳油1500倍液喷杀。

繁殖：主要采用组织培养法或者分株法繁殖。

修剪：在分株繁殖时进行修剪。

布置应用

绿巨人可摆放在书房、宾馆大堂等处，也可以放置于小庭院、池畔等处。

养护问答

Q 导致绿巨人茎腐病和心腐病的原因是什么？

A 茎腐病和心腐病均属于土壤真菌病害，栽培过程中，土壤消毒不彻底、土壤带菌、植株自身的抗病性下降，都会造成此种病害。另外，在施肥过程中，偏施氮肥或缺乏某种元素，也是引起该病害发生的重要原因。

Q 如何给培养土消毒？

A 用2%的甲醛10千克喷雾熏杀培养土可达到灭菌效果。

• Ficus microcarpa（英文名）

榕树

★科属：桑科、榕属

★别名：细叶榕、成树、榕树须

★花期：5～7月

生长特征

榕树为桑科榕属乔木，叶有椭圆形、卵状椭圆形及倒卵形，革质。隐花果腋生，近球形，乳白色，成熟时换色成淡黄色。果子很小，球状。

养护管理

浇水：喜湿，过干不利于生长。盆土保持见干、见湿最好。夏季除浇水外还应向叶面及其周围喷水，增加空气湿度。冬季控制浇水，土壤干时再浇水，不可太湿。

施肥：肥水和氮、磷、钾肥料时须交替穿插进行，生长期每半月施肥1次，冬季停止施肥。

光照：榕树喜阳也耐阴，春秋季节可放在阳台接受阳光照射，夏季不宜暴晒，要进行遮光，冬季宜放在室内阳光充足的地方。

介质：喜肥沃的酸性土壤。

病虫害：很少发生病害，偶尔发生的虫害主要是介壳虫和蓟马，可用40%的氧化乐果800～1000倍液进行喷杀。

繁殖：榕树的繁殖多用扦插法来进行，被选来做插穗的枝条应该是健壮且带有饱满腋芽的植株。然后截成15～20厘米长的段，插入基质内，1个多月后就能生根长叶，然后移栽上盆即可。

修剪：常年都需要修剪，春季修剪最关键，可剪除病枝、枯枝、交叉枝等。平时剪修剪，只需剪去徒长枝即可。

布置应用

盆栽榕树除了供观赏外，榕树叶还具有清热解毒的功效。

养护问答

Q 盆栽榕树多久可翻1次盆？如何翻盆？

A 盆栽榕树翻盆的时间间隔一般都是3～4年进行1次，不宜经常翻盆，否则会导致块根受伤腐烂。翻盆最好在晚春的4～5月份进行，这时气候温暖，阳光充足而不烈，很适合新芽生长和老根复活。在换盆时去掉部分宿土，剪去老根和腐烂根，然后再添土装盆即可。

• Agave（英文名）

龙舌兰

★科属：龙舌兰科、龙舌兰属

★别名：番麻

★花期：6～7月（盆栽极少开花）

生长特征

龙舌兰为多年生常绿植物，植株高大叶色灰绿或蓝灰，长可达1.7米，宽20厘米，基部排列成莲座状。叶缘刺，最初为棕色，后呈灰白色，末梢的刺长可达3厘米。花梗由莲座中心抽出，花为黄绿色。

养护管理

浇水：生长期可大量浇水，但要注意排水；冬季停止生长时，应控制浇水，以免烂心。

施肥：生长期每2星期施1次稀薄肥水，冬季停止施肥。

光照：喜阳光、耐旱、抗冻，最低的生长温度为7℃左右，温度过低可搬入室内，其余时间可在户外栽培。

介质：要求培植土偏酸性，并要有较好的透气性。

病虫害：龙舌兰病害主要有叶斑病、炭疽病、灰霉病，可用50%退菌特可湿性粉剂1000倍液喷洒防治。若有介壳虫危害，可用80%敌敌畏乳油1000倍液喷杀。

繁殖：龙舌兰多采用播种法或分株法繁殖。

修剪：换盆时应对其根部、枯叶和鳞茎进行修剪。

布置应用

龙舌兰除观赏外，还具有消除甲醛和制酒的功能。

养护问答

Q 龙舌兰有哪些种类？有毒吗？

A 龙舌兰分为：金心龙舌兰（叶片中间有乳黄色条带）、金边龙舌兰（叶缘有淡黄色条带）、银边龙舌兰（叶缘有白色或奶黄色条带，幼时红晕）等。龙舌兰有毒。

Q 龙舌兰生长的温度是多少？

A 白天适合龙舌兰生长的温度为15℃～25℃，在夜间以10℃～16℃为宜。

• Clinia（英文名）

君子兰

★科属：石蒜科、君子兰属

★别名：剑叶石蒜

★花期：冬春开花

生长特征

君子兰为多年生草本植物，其根部特别粗壮，肉质，茎分根茎和假鳞茎2部分。叶呈剑形，互生，整齐排列，叶长有30～50厘米长，聚伞状花序，着生有10～60朵小花，小花通常会在冬春两季盛开，花可开15～20天，一般能延续2～3个月再衰败。

养护管理

浇水：君子兰发达的肉根内储存着一定的水分，所以这种花具有比较耐旱的特性。但耐旱的花也不能过于缺水，尤其在夏季高温、干燥的天气情况下更应及时浇水，否则，花卉的根、叶都会因为高温而受到损伤，导致新叶萌发不出来、叶片出现焦枯等现象，甚至有时还会引起整个植株死亡。因此，在给君子兰浇水时，一定要根据季节进行调节。注意当盆土出现半干情况时，要及时进行浇水，浇水量不宜太多，只要使盆土润而不潮即可。

施肥：君子兰喜肥，可每隔2～3年在春秋季换盆1次，盆土内加入腐熟的饼肥。每年在生长期前施腐熟饼肥5～40克于盆面土下，生长期隔10～15天施液肥1次。

光照：君子兰既怕炎热又不耐寒，喜欢半阴而湿润的环境，畏强烈的直射阳光。

介质：适宜深厚、肥沃、疏松的土壤。

病虫害：君子兰的常见病害主要有软腐病、白绢病、炭疽病等。对于软腐病可用青霉素或链霉素或土霉素4000～5000倍液喷洒或涂抹病斑。君子兰的虫害主要是介壳虫，可用25%

布置应用

君子兰能释放出大量氧气，从而可以提高室内的空气质量、美化环境、陶冶情操。此外，君子兰还可以入药，可用来缓解肝炎等病症。

亚胺硫磷乳油1000倍液喷杀，也可用40%的氧化乐果乳剂1000～1500倍液喷洒。此外，蚯蚓也会成为君子兰的害虫。君子兰的植株在幼小时期，其肉质根非常嫩弱，若盆土中有蚯蚓，它常常会到处乱钻，使嫩根受伤，丧失吸收营养的功能，从而使植株停止生长发育或造成烂根。防治方法是用50%的敌敌畏乳油1500～2000倍溶液浇灌。浇灌后若又发现蚯蚓钻动的现象，立刻除去；隔一星期后再同样进行1次，即可将蚯蚓除尽。

繁殖：一般采用播种繁殖和分株繁殖两种繁殖方法为主。

修剪：蹲苗是培育君子兰的一种方法。通常是在第一片真叶长到 1 厘米高时，将主根靠根尖以上 2 厘米处折去，折断的伤口处涂以炭灰或刚燃过的香烟灰，然后栽到盆中即可。蹲苗可以促使茎基部多生须根，令茎基部由此增粗增宽。

养护问答

Q 君子兰叶子不整齐怎么办？

A 君子兰向阳性较好，平时如果管理不善，很容易使叶片出现长歪斜的情况。这会影响君子兰的观赏价值。如果要想使叶片整齐，可采取：一用晾衣塑料夹垫上软纸直接将歪斜的叶片与叶片正的夹在一起，一段时间以后就可校正过来。二是用不透光的锡黑泊纸按叶片长度，折叠成1/2叶片宽，然后用发卡固定在叶片上，叶往哪边歪，就固定在哪边，这样几天过后就可校正过来。通常情况下，只要按照以上小方法实施，歪斜的叶片还是能及时校正过来，这样整个叶片就会变得整齐。不过，校正过后的叶片，还是要多观察，以免再歪长回去。

Q 君子兰成龄后不开花是什么原因？

A 成龄后的君子兰不开花原因有很多，但主要有以下3种：一是长期没有换盆土导致土壤里严重缺乏磷肥及其他元素。二是植株根部严重腐烂导致吸收营养不良；三是严重缺水，使植株不能吸收水分。那么要想改善这3种情况，最好的办法就是换土、追肥、浇水。只要采取以上方法后，成龄后的君子兰一定会开出美丽的花朵。

Q 盆养君子兰时，用什么样的花盆最好？

A 君子兰抗旱性最强，但怕涝，所以需要花盆的透气性好，渗水性强的花盆。而泥瓦盆（素烧盆）完全符合这两种条件，故而养殖君子兰花卉时，选用泥瓦盆最好。

Q 怎样给君子兰加底肥？

A 所谓加底肥即在换盆时给花盆底部加的一些作物，如麻籽，葵花籽等。通常换盆时，会先在盆底放一层土，再在土上撒上一层作物，在上面盖上一层土将花栽植进去。

Q 君子兰有哪些药用价值？

A 君子兰植株体内不仅含有石蒜碱和君子兰碱，还含有微量元素硒，目前药物工作者利用含有这些化学成分的君子兰株体进行科学研究，并已用来改善癌症、肝炎病、肝硬化腹水和脊髓灰质病毒等。通过试验证明，从君子兰叶片和根系中提取的石蒜碱，不但有抗病毒作用，而且还有抗癌作用。

• Asparagus fern（英文名）

文竹

★科属：百合科、天门冬属

★别名：云竹、云片松、刺天冬

★花期：8～10月

生长特征

文竹为多年生常绿草本植物。其茎细长、光滑呈攀缘状，高可达数米。叶状枝纤细而丛生，有小枝，绿色。水平排列。主茎上的鳞片多呈刺状，下部有三角形倒刺。花朵较小，近白色，两性。浆果球形至长圆形，成熟后为紫色。由于文竹的茎自根基处丛生分布，高矮不同，使得枝叶层层叠叠，望之如绿云，故又有“云竹”之称。

养护管理

浇水：文竹最重要的就是浇水问题，水太多会引起根部腐烂、叶黄脱落；水太少又会导致叶尖发黄、叶片脱落。所以，要把握好水量，做到不干不浇、浇则浇透。一般春秋季节可2～3天浇1次；冬季4～6天浇1次即可；夏季天气炎热，每天早晚各浇1次。

施肥：文竹喜肥，但忌用浓肥，要薄肥少施、勤施。为了使植株生长健壮，一般春、秋两季可每隔半月施1次充分腐熟的稀薄液肥，夏季和冬季可以停止施肥。

光照：文竹是喜阴植物，在生长期里应把花盆放在半阴的环境里，不宜暴晒；但在阳光不强烈时，可放于室外接受光照，这对其成长有利。

介质：要求土层深厚、疏松肥沃、排水性好、富含腐殖质的沙质土壤。

病虫害：文竹病害有灰霉病和叶枯病，用50%甲基托布津可湿性粉剂1000倍液喷施即可治愈。文竹虫害很少，常见的虫害为雨季蚜虫。当出现蚜虫危害时，可用40%乐果、氧化乐果1500～2500倍液喷洒。在夏季，还比较容易发生红蜘蛛危害，治疗方法也较为简单，喷洒三氯杀螨醇等专杀剂即可。

繁殖：文竹的繁殖以播种法和分株法为主。播种一般在3月上旬进行。播种前要把种子浸泡

布置应用

文竹清新淡雅，适于放在书房书桌、客厅茶几上，亦可当作花篮、花束的配叶。还可以入药，有止咳润肺、凉血解毒功效。

24小时，点播于10厘米深盆中，为了保温及防止水分蒸发，宜加盖玻璃或者是塑料薄膜，保持20℃～25℃的盆土湿润，30天左右即可发芽。出苗后须注意适当的光照，幼苗成长到5～6厘米高时，可分栽于小号花盆中，1年后株形丰满。分株法最好是选2～3年的大株，根据植株的大小，再决定是分为2盆还是3盆。分株操作较为简单，用手将文竹的根掰开，注意不要伤根太多，将分出的植株种于花盆中，把水浇透并且置于半阴处养护即能成活。分株时，还应在盆内施用3～4片马蹄片或麻酱渣等有机肥料作基肥，种后1～2个月发芽，11～13个月开花。

修剪： 文竹生长较快，要及时进行修剪，疏剪掉过密的内堂枝和造型较差的枝条，使枝叶分布处于一个均匀、合理的状态。

养护问答

Q 文竹喜欢什么样的生长环境？

A 文竹喜欢清洁并且空气流通的环境，如果长时间受到烟尘、农药和煤气等有害物质的刺激，叶片就会发黄、蜷缩，严重时会枯死。所以，在天气温暖时应尽量开窗换气，使室内保持良好的通风和清新的空气。

Q 文竹小枝发黄但是不脱离，是什么原因？如何防治？

A 这种情况，大多是由于盆土养分不足、营养不良造成的。还有少数可能是因为盆土过硬，透气差从而引起根系的活力减退，影响了植株的正常生长。防治的方法除了在夏季用富含有机质的培养土换盆之外，平时还要经常疏松盆土表面，并要注意加强施肥。

Q 如何更新老文竹？

A 更新老文竹时，首先要把老文竹的植株丛上半部分全部剪掉，不剪掉的话支架就拆不下来。支架拆除后，再从基部把一些过密的枝条疏剪一下，把留下的枝条由盆面向上30厘米左右处短截。应注意的是，中间的枝条要留得高些，四周的枝蔓稍微低一些。如果是在春季更新，到了夏季的时候就能在留枝的中上部位长出一层雪片状的叶丛，既茂密又翠绿，而且层次比较分明，呈伞状，极为壮观。来年再及时进行修剪，让植株变得更加茂盛。

Q 如何使文竹的高度适宜、姿态优美？

A 文竹的茎具有攀缘性，如果任其生长，最高可达数米，自会失去轻盈之态。矮化文竹的措施是：对于幼株，在春、夏生长旺盛的季节不要过多施肥，1月施肥1次即可，肥量不要过大。对于老株来说，最好少施肥或者是不施肥，利用换盆的时候，在盆底添上新鲜土壤或者是少量的化肥。这样一来，不管是老株还是幼株，都能保持较稳定的生长，不会长得过高。

Q 文竹的嫩叶为何长到一定高度尖端就会变黑，而旁侧却仍可长出分枝和叶片？

A 这个原因主要是因为盆土过干、肥料不足或是肥害所造成的。文竹原本属攀缘植物，长高时必须有支柱或绳索，供其攀附而上，否则由于顶梢弯曲下垂，影响水分和养分的供应，也会发生类似的状况。

• Guzmania（英文名）

星花凤梨

★科属：凤梨科、星花凤梨属

★别名：果子蔓

★花期：5～11月

生长特征

星花凤梨的叶子有绿色或深绿色，带状，先端渐尖，基部鞘状，穗状花序，花梗从叶丛中抽出，苞片密集排列于抽出的柱上，形成星状花序，鲜红色。花较小，聚生于花穗顶端的花苞片内，白色。

养护管理

浇水： 星花凤梨耐水湿，忌干旱。除冬天要减少浇水量外，其他季节需保持盆土湿润，而且要向叶从中心的圆筒内注入少许清水。夏天天气干燥，气温也较高，需要经常向叶面及周围地面喷水，以增加空气湿度。

施肥： 生长期每半月施1次液肥即可。

光照： 喜欢充足的光照，宜放置于阳光充足的地方。

介质： 喜疏松、肥沃的沙质土壤。

病虫害： 如果生长于低温、过湿的环境中，容易发生叶斑病，可以每半月喷洒1次等量式波尔多液，连续喷洒3～4次可有效防治。如果已经得了叶斑病，可用50%多菌灵1000倍液喷洒，连续喷洒几次即可恢复正常。星花凤梨一般不易受害虫危害。

繁殖： 星花凤梨主要通过分株法进行繁殖。春季或者花期过后，母株容易萌发出蘖芽，待蘖芽长到10厘米左右时即可将其剥下另行栽植，3年后可开花。

修剪： 星花凤梨无须修剪。

布置应用

星花凤梨叶绿心红，且株形优美，常被用来摆放在客厅、书房或者居室等地，用以观赏。

养护问答

Q 为什么要向星花凤梨叶丛中心的圆筒内灌水呢？

A 星花凤梨的叶片基部相互排列成一个圆筒状，当浇完水后，这里可以储藏一定的水分。在叶片的基部有一种叫做吸收鳞片的微小组织，在生长过程中要不断吸收水分和养分，所以在圆筒里加些水和适量的液体肥料供其吸收，这样可以使植株长势更加良好，而且不至于因为缺水而死亡。

多色搭配最适宜

• Dizygotheca elegantissima
（英文名）

孔雀木

★科属：五加科、孔雀木属

★别名：手树

★花期：——

生长特征

孔雀木的叶互生，复叶呈掌状，颜色为绿褐色，革质。小叶一般有5～9片，绿色，叶子的边缘都有一些锯齿，外形比较漂亮。叶片成熟后，叶缘齿变得不太明显。

养护管理

浇水：土壤干后就要浇水，因为缺水很容易掉叶。但也要保证盆土不要过于潮湿，否则根部会腐烂。

施肥：生长期每月施薄肥1～2次。春季和秋季要各施1次有机肥，但是不要施叶面肥，否则会引起肥害。

光照：属喜光性植物，但不耐强光直射，夏季要适当遮阳，秋、冬季可以多照阳光。冬季温度不可低于5℃。

介质：适合肥沃疏松的壤土。

病虫害：常见有叶斑病和炭疽病危害，可用50%托布津可湿性粉剂500倍液喷洒防治。

繁殖：主要采用扦插法繁殖。一般在4～9月进行，扦插时先准备好培养土，以沙质为好。选1～2年生茎、枝，剪下切成8～10厘米的插穗培养即可。

修剪：植株过高时，需要对植株进行修剪。

布置应用

孔雀木因枝叶繁茂、葱翠可爱，可摆放于厅堂、庭院、几案或窗台上。

养护问答

Q 为什么孔雀木的枝条会徒长？

A 孔雀木枝条徒长，除了由于施肥不当，还和它放置地方有关。孔雀木比较喜阳，平时要求明亮的光线，光线不足就会导致枝条徒长。所以要将其放置于阳光充足处，但是要注意夏季忌强光。至于施肥，最好是按照它本身所适合的肥料种类及数量来施加。

• Sweet osman thus（英文名）

桂花

★科属：木犀科、木犀属

★别名：木犀、月桂、岩桂

★花期：9～10月

生长特征

桂花株高约15米，树皮粗糙，灰褐色或灰白色。叶对生，椭圆形或长椭圆形，全缘或上半部疏生细锯齿。花簇生，每朵花瓣4片，叶腋生成聚伞状，花型小，有乳白、黄、橙红等色，香味浓郁，树皮粗糙，呈灰色。

养护管理

浇水：桂花的浇水关键在新种植后的一个月内和种植当年的夏季。新种植的桂花一定要浇透水，有条件的应对植株的树冠喷水，以保持一定的空气湿度。桂花不耐涝，应及时排涝或移植受涝害植株，移植时加入一定量的沙子来种植，可促进新根生长。夏季天气炎热，每天早晚需各浇水1次。

施肥：应以薄肥勤施为原则，以速效氮肥为主，中大苗全年应施肥3～4次。一般情况下早春期间在盆内施有机肥，可促进春梢生长。入冬前期需施无机肥或有机杂肥。其间可根据桂花生长情况，施肥1～2次。新移植的桂花，追肥不宜太早。

光照：桂花喜光，但在幼苗期要求有一定的荫蔽。

介质：适宜在土层深厚、排水性良好、肥沃、富含腐殖质的偏酸性砂质土壤中生长。

病虫害：有枯斑病、枯枝病、桂花叶蜂、柑橘粉虱、蚱蝉等。

繁殖：桂花多采用播种法、压条法、嫁接法和扦插法繁殖。

修剪：发芽时将主干下部无用的芽剥掉，保持一定的枝间距，剪去无用、徒长的枝条。

布置应用

桂花的香味沁人心脾，有助于消除疲劳，不仅有净化空气的作用，还能抑制一些病菌的生长繁殖。此外，桂花还可入药，能化痰、止咳、生津、止牙痛等。

养护问答

Q 为什么要给桂花环割？

A 对桂花的主干或主枝进行环割可以提早桂花的花期。因为环割暂时阻止了营养物质向上输送，提高了新枝的养分含量，从而促使了花芽分化。环割的方法是在枝干上横着环形切割一圈，深达木质部。如果担心效果不佳，可以在相隔2～3厘米处再割一环。

Q 为什么桂花不开花？

A 桂花不耐寒、不耐烟尘，也不耐涝。如果养殖过程中出现以上三种情况中的任何一种，都会导致不开花。桂花适宜养殖在通风透光的地方，盆中不宜积水，否则根系发黑腐烂，叶片先是叶尖焦枯，随后全叶枯黄脱落，进而全株死亡。

Q 桂花怎样越冬？

A 桂花应移入室内过冬，最佳温度为0℃～5℃。冬季是桂花的休眠期，不宜浇水过多，要有适当光照，以免植株落叶。另外，室内温度不宜过高，否则桂花会在温暖的条件下发芽抽枝，消耗过多养分，从而导致来年不易开花。

Q 桂花得了炭疽病怎么办？

A 发病初期喷洒1∶2∶200的波尔多液，以后可喷50%多菌灵可湿性粉剂1000倍液或50%苯来特可湿性粉剂1000～1500倍液。重病区在苗木出圃时要用1000倍的高锰酸钾溶液浸泡后再消毒。

Q 桂花的品种有哪些？

A 以花色而言，桂花有金桂、银桂、丹桂之分；以叶形而言，有柳叶桂、金扇桂、滴水黄、葵花叶、柴柄黄之分；以花期而言，有八月桂、四季桂、月月桂之分等。目前，我国尚无统一的品种分类，习惯上将桂花分成以下四个品种类型：金桂、银桂、丹桂和四季桂。

Q 受冻桂花如何解冻？

A 桂花在初冬受到寒潮侵袭，极易发生冻害，使得受害植株体内的细胞间隙溶液浓度提高，原生质严重脱水而造成嫩叶萎缩。遇此情况，如果急于将受害盆株置于高温或阳光直射处，反而会加速其死亡。正确的方法应该是采取缓慢解冻的措施，使细胞逐渐吸水而恢复正常。遇此情况，也可将盆花用吸水性较强的废报纸连盆包裹三层，包扎时应注意不可损伤盆花枝叶，并避免阳光直接照射。如此静置一日，以使盆花温度逐渐回升，受冻盆花即可复苏。

Q 为什么冬春之交时桂花容易死？

A 桂花之所以冬季易死，不是由于所处的环境气温低，而是由于周边环境的气温不够低、不够冷。桂花的原产地在冬季时并不温暖。所以，如果将桂花搬到温暖的地方越冬，开始时是看不出植株有什么异常的。但是，这种情况维持不了多久。主要是由于室内采光及温度的变化等因素不能满足像夏季时那样的生长，会有老叶脱落、新梢萎蔫、植株死亡的情况。如果要使桂花平安越冬，冬季就要把它放在0℃～5℃的环境里，给予充足的日照；不要追施肥料，避免盆土过湿。待到冬季过后奇迹发生了，所养的桂花不仅平安地存活了下来，而且生长势头还特别的喜人。

卧室

温暖舒适是第一选择

• Syngonium podophyllum
（拉丁名）

合果芋

★科属：天南星科、合果芋属

★别名：长柄合果芋、紫梗芋、剪叶芋

★花期：秋季

生长特征

合果芋为多年生蔓性常绿草本植物。茎绿色，茎节有气生根，攀附他物生长。叶片呈两型性，幼叶为单叶，箭形或戟形；老叶呈5～9裂的掌状叶，中间一片叶大型，叶基裂片两侧常着生小型耳状叶片。初生叶色淡，老叶呈深绿色，且叶质加厚。佛焰苞浅绿或黄色。叶互生，叶片的形态多种多样，叶色亦变化莫测，通常幼叶呈箭形，淡绿色。花序外有佛焰苞包被，其内部为红色或白色，外部为绿色。

养护管理

浇水：合果芋要求高湿环境。生长期浇水要充足，休眠期可待盆土干后再浇。

施肥：在生长期，应每两周施液肥一次。

光照：合果芋不需要阳光直射，耐阴且在不同光线下会出现不同反应。

介质：适宜在多湿、疏松、肥沃、排水性良好的微酸性土壤。

病虫害：合果芋常见病害叶斑病和灰霉病，可用70%代森锌可湿性粉剂700倍液喷洒。虫害有粉虱和蓟马，可用40%氧化乐果乳油1500倍液喷杀。

繁殖：合果芋主要采用扦插法繁殖。

修剪：合果芋的生长速度较快，所以要经常修剪枝叶以保持株形的美观。

布置应用

合果芋除可作室内观赏盆栽之用外，还具有提高空气湿度，吸收大量甲醛和氨气的功效。

养护问答

Q 为什么不同空间种植的合果芋长得不一样呢?

A 合果芋的适应能力非常强，能适应不同的光照环境，最佳的光照强度为遮光50%。强光处茎叶略呈淡紫色，叶片较大，色浅；弱光处则叶片狭小，色浓暗，在明亮的散射光处生长良好。斑叶品种在光照不足时则色斑不显著。

Q 合果芋病虫害的防治?

A 平时可用等量式波尔多液喷洒以预防病虫害。一旦染上叶斑病和灰霉病，可用70%代森锌可湿性粉剂700倍液喷洒。患虫害可用40%氧化乐果乳油1500倍液喷杀。

Q 居室内培养的合果芋为何株形瘦弱?

A 室内培养的合果芋，虽然都对其进行了浇水、施肥，但仍长得瘦弱，这种情况可能是由于盆花置放处光照不足所致。不同的花卉，其生长所需要的光照强度是不一样的，应充分考虑其对光照的需要。由于居室大部分空间的光照强度较差，所以一般宜选择放置耐阴性较强的花卉。虽然合果芋属半阴性花卉，但若过阴也会使植株变得细瘦，叶片变小甚至畸形、失绿并失去应有的光泽，从而使其失去应有的观赏价值。因此，要使居室内的花卉生长良好，应选择适当的位置，如靠近门窗等光线较好的场所，还可采用人工补光进行养护。

Q 种植合果芋的温度应为多少适宜?

A 通常适合于合果芋生长的最佳温度为22℃～30℃，16℃以下则生长缓慢。越冬温度以10℃以上为宜。

Q 合果芋对培养土有什么要求?

A 养殖合果芋的土壤要肥沃、疏松、排水性良好，以沙质壤土为佳。盆栽土以腐叶土、泥炭土和粗沙的混合土为佳。另外，合果芋还适合无土栽培。

Q 如何对合果芋进行扦插繁殖?

A 合果芋的扦插繁殖一般在5～10月进行，气温在15℃以上即可，选取带有2～3片叶子的幼嫩茎段作为插穗，插入沙床或其他基质中，用塑料薄膜覆盖，将盆土浸在水盆中保湿并置于阴凉处，很快便可以生根。

Q 合果芋对净化空气有哪些作用?

A 合果芋形态美观，叶片色彩绚丽，易于养殖，是家养绿色植物的首选。合果芋的叶子能够提高空气湿度，并可吸收大量的甲醛和氨气。叶子越多，过滤净化空气和保湿功能就越强，是“天然的加湿器”。

Q 合果芋可以无土栽培吗?

A 合果芋可以采用无土栽培。无土栽培，不但简便易行，而且管理粗放、干净卫生，很适宜上班一族的家居布置。一般有两种无土种植方式。第一种就是选用深口花器，向其中先放1～2厘米厚的洗净的马牙石。选1株根系良好或带有气生根的枝条，冲净沙土，并放入花器正中，随后再放入马牙石以固定植株。加入清水至花器2/3处即可。第二种就是种植于鱼缸中，这可是另有一种情趣。种植时，可先根据鱼缸大小，选用几枝有气生根的合果芋，然后再除去基部叶片，用彩石、珊瑚等缸中饰物固定，放于缸中一侧即可。

• Carnation（英文名）

康乃馨

★科属：石竹科、石竹属

★别名：香石竹、麝香石竹

★花期：春夏两季

生长特征

康乃馨为常绿亚灌木。其叶对生，呈线形；萼下有菱状卵形小苞片四枚，先端短尖，长约萼筒1/4；萼筒绿色，五裂；花朵单生或成聚伞状花序，花瓣不规则，边缘有齿，单瓣或重瓣，有红色、粉色、黄色、白色等。

养护管理

浇水：除生长开花旺季要及时浇水外，平时可少浇，以维持土壤湿润为宜。空气湿润度以保持在75%左右为宜，花前适当喷水保湿，可防止花苞提前开裂。

施肥：康乃馨喜肥，除了生长期内要每隔10天左右施1次腐熟的稀薄肥水外，在栽植前也应施以烘肥和骨粉，而且花后还要再施1次追肥。

光照：康乃馨喜强光，无论是室内盆栽还是室外种植，都应该是在直射光照射的向阳位置上，但也要避免烈日暴晒。

介质：要求排水性良好、腐殖质丰富、保肥性能良好的微酸性土壤。

病虫害：康乃馨常见的病害有萼腐病、锈病、灰霉病、芽腐病、根腐病。可用代森锌防治萼腐病，五氧化锈灵防治锈病。防治其他病害可用多菌灵或克菌丹并在栽插前进行土壤处理。如果遇红蜘蛛、蚜虫病害时，用40%乐果乳剂1000倍液即可杀除。

繁殖：繁殖的方法用播种、压条和扦插等方法，但以扦插为主。扦插的最佳时机是1月下旬至2月上旬，插穗可选在枝条中部叶腋间生出的长7～10厘米的侧枝，并选用沙质土做扦插土，插后要经常浇水保持湿度和遮阴，在10℃～15℃的温度下，20天左右可生根，1个月后即可移栽定植。

修剪：从幼苗期开始多次摘心，第一次开花后及时剪去残花及梗，每枝只留基部2个芽。

布置应用

康乃馨盆栽、切花皆可，可放在厅堂或者卧室等处以作观赏，也可以用于居室装饰。除观赏功能外，其花朵还可以用于提取香精。

养护问答

Q 如何对康乃馨进行摘心?

A 之所以要进行摘心，就是想让康乃馨能多枝和多开花，当幼苗长至8～9片时即可进行第一次摘心，并保留4～6对叶片；待侧枝长出4对以上叶片时进行第二次摘心，每个侧枝保留3～4对叶片，最后使整个植株有12～15个侧枝为佳。孕蕾时，每个侧枝只留顶端一个花蕾，顶部以下叶腋萌发的小花蕾和侧枝要及时全部摘除。第一次开花后应及时剪去花梗，每枝只留基部2个芽。经过这样反复摘心，能使株形优美，花繁色艳。

Q 康乃馨对人体有哪些好处?

A 康乃馨中含有人体所需要的各种微量元素，能加速血液循环，促进新陈代谢，具有清心祛燥、排毒养颜、调节内分泌、安神止渴、清心明目、生津润喉、健胃消积的功效。

Q 如何制作康乃馨干花?

A 干花毕竟源于大自然，所以看起来要比绢花、塑料花都逼真。而且它还可以不用浇水、不用养护，同样可以起到增添生活乐趣的作用。制作康乃馨干花，在采鲜花时就要注意，最好是在上午9～11时采花，因为这时露水已经蒸发殆尽，花草本身的含水量又适中，采集后既易保鲜也易烘干脱水。下午花草多处于凋萎状态，不宜采集。制作干花的花朵要选花蕾初放或完全开放的。叶子一般要求新鲜翠绿，但有时也需要成熟的深绿色叶子。制作干花最简单的方法是把鲜花倒挂直到自然风干，有些也可以去掉叶子，将其倒挂在阴凉通风处使其自然干燥。还有一种方法是用干燥剂将采来的花枝掩埋，经10～20天后拿出，用毛笔或者软毛刷扫掉花瓣上的干燥粉剂即可。干花的香味在半封闭环境下一般可持续半年或一年，香味散尽后，也可以根据个人喜好，选择从不同鲜花中提炼的精油为干花添香。

Q 康乃馨的花语是什么?

A 康乃馨是一种石竹科草本开花植物，原产地是美丽的地中海地区。在我国，这种花还未曾出现在名花谱上，只是极平凡的花。但在欧洲，康乃馨却已有多年的栽培历史，向来为欧洲名花被世人所熟识。不同颜色的康乃馨有着不同的花语。自1907年起，欧洲人开始以粉红色康乃馨作为母亲节的象征，故今在全世界风靡被作为献给母亲的花。粉色康乃馨的花语：祝母亲永远年轻美丽。

Q 康乃馨主要在什么时间供花?

A 康乃馨多用于元旦、春节、元宵节、情人节、劳动节、母亲节、复活节、教师节、国庆节、圣诞节等节日的环境装饰，也常用于4～6月这一时间段内的各种庆典及生活空间的美化。康乃馨是销量很大的切花作物，如果能满足其栽培条件，它是可以全年供花的。

Q 康乃馨什么时候需要摘心?

A 为促其分枝，第一次宜在株高15～20厘米时摘心。一般保留下部侧芽6～7个，其余的全部摘除。

第二次摘心须在8月中旬以前进行，使植株保留12～14个侧枝即可。

• *Acalypha hispida*（拉丁名）

狗尾红

★科属：大戟科、铁苋菜属

★别名：岁岁红

★花期：10月至次年1月

生长特征

狗尾红植株较矮，叶柄有茸毛。叶子呈卵圆形，边缘有锯齿，正面为亮绿色，背面颜色稍浅。穗状花序，腋生。花为红色，着生于长穗状花序上，貌似狗尾巴。

养护管理

浇水：狗尾红喜湿，盆土要经常保持湿润，夏季高温干燥时要向植株及周围喷水，以增加空气湿度。

施肥：生长期每隔半月施1次腐熟肥水即可，9月入室后停止施肥。

光照：狗尾红喜欢阳光充足的环境，在强光下生长十分旺盛，5月中旬后可将盆栽搬至室外的阳台上或向阳处，9月后再将其搬进室内并放置于阳光充足的地方。

介质：喜疏松肥沃、排水性良好的土壤。

病虫害：易生侧多食跗线螨，容易造成植株畸形。可使用10%吡虫啉可湿性粉剂1500倍液或者2.5%天王星乳油3000倍液进行防治。

繁殖：以扦插法繁殖为主。在早春时剪取1年生的健壮枝条做插穗，然后将插穗剪成长10厘米左右的段，保留顶端2～3片叶子，除去下部叶子，插入插床，保持充足的水分和25℃～28℃的温度，1个月后即可生根。

修剪：生长期要进行打头摘心，每年2～3月要对植株进行1次修剪，以促使其生发出健壮的枝条。

布置应用

毛茸茸的狗尾状红花配以绿盈盈带有锯齿的叶子，甚是可爱，宜摆放在客厅、书房和卧室。

养护问答

Q 狗尾红如何换盆？

A 狗尾红每年都须换盆1次，老植株可以在每年春季新芽未生长之前换盆，成年植株可以在5月上旬翻盆换新土。

换盆时，要先去掉部分旧培养土，并换上新的培养土，然后浇透头水，但不要让盆中积水。再将植株放在无直射阳光处进行养护，大概1周左右即可移至阳光充足处了。

厨房与餐厅

优雅大方是关键

• Bunting（英文名）

绿萝吊兰

★科属：天南星科、绿萝属

★别名：香石竹、麝香石竹

★花期：春夏二季

生长特征

绿萝吊兰为攀藤观叶花卉，常生长在热带雨林的岩石和树干上。为天南星科、绿萝属，原产中美、南美。藤长可达数米，节间有气根，随生长年龄的增加，茎增粗，叶片也越来越大。叶互生，绿色，全缘，心形，少数叶片也会略带黄色斑块。

养护管理

浇水：平时见干后要及时浇水，以保证水分充足。

施肥：生长期每10天施稀薄水肥1次，冬季每1个月施肥1次。

光照：绿萝吊兰喜半阴环境，叶片对光照反应特别灵敏，夏季早晚见光，中午需遮阴，冬季要多见阳光。

介质：培植土要接近偏酸性，并要求有较好的透气性。

病虫害：绿萝吊兰病虫害较少，主要有生理性病害，应加强肥水管理，遇有介壳虫、粉虱等及时抹除。

繁殖：绿萝吊兰常用分株法进行繁殖。

布置应用

绿萝吊兰除了可布置在大厅等处外，还具有较强的净化空气、驱赶蚊虫等功效。

养护问答

Q 为什么绿萝吊兰能水养但放在土里却不能多浇水呢？

A 这是因为水培所用的水大多都会经过杀菌处理，而且能见到太阳光，太阳光可以杀死细菌，所以水培不会造成根茎腐烂的情况。实际上，此花卉可以多浇水，只是不要让盆里有积水即可，因为积水会让细菌繁殖，从而导致植物的根茎腐烂。

• *Pilea cadierei*（拉丁名）

冷水花

★科属：荨麻科、冷水花属

★别名：白雪草、透白草

★花期：3～4月

生长特征

冷水花为多年草本植物，有横生的根状茎。株高30～60厘米，地上茎丛生，细弱肉质，半透明，上面有棱，节部膨大，幼茎白绿色，老茎淡褐色。叶对生，椭圆状卵形，先端钝尖，基部宽楔形，长3～5厘米，宽2.5～4厘米。三条主脉和先端4～6条侧脉都较明显，叶脉部分略下凹，青绿色，三条主脉之间有灰白至银白色的斑纹，斑纹部分凸起似蟹壳状。叶缘有波状钝齿。叶柄短，半透明，基部有小托叶。花序自叶腋间抽生，花序梗淡褐色，半透明。

养护管理

浇水：夏季应保持盆土湿润，可增加浇水次数，每天应给叶面喷雾和淋水，保持叶色鲜亮。秋冬季节要减少浇水量，防止因根部积水而使叶片出现黑斑。

施肥：生长期（4～9月）每15天施1次肥，但不可偏施氮肥。也可施用颗粒肥，但注意避免触及叶面。

光照：喜光，但忌强光，耐阴。

介质：使用普通的园土作栽培土即可。也可选用 5 份腐叶土加 2 份河沙，并加入少量基肥混合后养殖，植株生长会更旺盛。

病虫害：冷水花的病害发生率较低，只要平时管理恰当即可。常见虫害为金龟子，可在早晨或傍晚捕捉成虫，集中处死。或用20%速灭杀丁乳剂3000倍液喷杀，也可用敌百虫1000倍液喷杀。

繁殖：冷水花多采用扦插法和分株法进行繁殖。

修剪：在生长期要定期修剪，可适当修剪或进行2～3次摘心。植株长至40厘米左右高时，茎干开始向外倒伏，应及时修剪。

布置应用

冷水花耐阴性强，即使被放置于光线较暗的环境中也能健康生长。适于摆放在厨房、卫生间、客厅、卧室等处。除可供观赏外，冷水花全草可以入药，有清热利湿的功效。

养护问答

Q 冷水花的药用价值有哪些？

A 冷水花全草可入药，其性淡味凉。有清热解毒、消肿、利尿、止咳、化痰的功效；临床上用于治疗肺痨咳嗽、热毒恶疮、汤火烫伤、小儿疳积等，有极好的药用价值。

Q 怎样给冷水花分株养殖？

A 冷水花的分株养殖可在翻盆换土时进行。将花丛从根部用手掰开，分成几份，将干枯腐烂的根茎剪掉，然后分别栽种在新盆土中，很快就可生根发芽。

Q 冷水花有哪些种类？

A 常见的家庭养殖冷水花品种有3种。

◎**皱叶冷水花**：叶十字形对生，叶脉褐红色，叶面黄绿色，表面有皱纹，叶缘有锯齿，叶脉呈茶褐色，叶色和斑纹与铁十字秋海棠相似。

◎**泡叶冷水花**：植株匍匐蔓生，分枝细而多，全株被有短而细的绒毛，叶圆形，基部心形，质薄，叶缘具半圆形锯齿，脉间叶肉凸起。

◎**银叶冷水花**：茎直立，多分枝，叶柄短，叶卵状披针形，浓绿色，具钝锯齿，叶中央有一条美丽的银白色条斑，由叶基直达顶端。

Q 适宜冷水花生长的温度是多少？越冬的温度不能底于多少度？

A 冷水花较耐寒，14℃以上即进入生长期，适温为15℃～25℃，越冬温度不低于6℃便不会受冻。

Q 冷水花日常管理中的问题都由什么原因引起的？

A 冷水花是易于养殖的植物，但有时也会因为我们的疏忽而发点小脾气。例如，条纹开始不清晰是由于光照不够；叶片颜色转淡是由于光照过强；生长不好或过慢是由于盆土太干，缺乏湿度；老不开花是因为肥料不足。只要我们稍加注意，它又会健健康康地生长起来。

Q 多长时间宜给冷水花翻盆换土1次？

A 冷水花生长很快，应2～3年翻盆换土1次，换土最好在4月进行。

Q 怎样给冷水花扦插繁殖？

A 冷水花的扦插繁殖最好选在春天和夏天进行。选取生长健壮的枝条，剪取茎先端5～8厘米作为插穗，保留先端的几片叶子，将其直接插入沙床中（基质最好是蛭石、素沙或泥炭和壤土混合而成的盆土），入土深度不宜超过2厘米。置之于半阴处，土温保持在18℃～20℃，干燥时用喷壶喷水，2～3周即可生根，1～2个月后即可移植或上盆。

Q 冷水花有净化空气的作用吗？

A 冷水花不仅能净化空气，还能勇敢地与烹调时产生的油烟作斗争，净化了我们的厨房环境，减少了我们由于吸入油烟而引发肺癌的危险，从而保护了我们的健康！

Q 冷水花都有哪些作用？

A 冷水花吸收二氧化碳的能力比一般花卉要高2.5倍，并且还能消除室内装修所使用的建筑材料和家具的油漆所散发出来的有害气体，从而达到净化居室空气的目的。人们十分喜爱这个经济实惠的天然空气清新剂。

Q 冷水花叶尖黑枯是怎么回事？

A 可能与偏施氮肥、重施农药、病虫害等因素有关。可找出病症后对症治疗。

Cyclamen persicum
（英文名）

仙客来

★科属：报春花科、仙客来属

★别名：兔子花、兔耳花、一品冠

★花期：12月至次年5月

生长特征

仙客来为多年生草本植物，其块茎呈扁圆球形或球形。叶片由块茎顶部生出，心状卵圆形，叶上有白色网纹，叶缘有细锯齿，叶背绿色或暗红色，叶柄较长，红褐色。花朵大，单生而下垂，花瓣反卷形如兔耳；花有白、粉、玫瑰红、大红、紫红等色，基部常具深红色斑。花瓣边缘形状多样，有全缘、皱褶和波浪等形状。

养护管理

浇水：仙客来浇水不宜过多，以增加空气湿度为主。盆土以保持湿润为宜。不要过于干燥，也不要过于湿润。浇水时，水温要与室温相接近。

施肥：生长期每半月施肥1次，逐步地使仙客来多见阳光，以免叶柄生长过快。当花蕾长出并含苞待放时应增施磷肥1次。开花时不宜施氮肥，因为会缩短花期。

光照：仙客来喜阳光充足、空气流通的生长环境。

介质：最好是栽种在疏松、肥沃、排水性良好的微酸性沙土中。

病虫害：仙客来的主要病害是软腐病，可选用1000倍链霉素、消菌灵喷雾来灌根，也可用150～200倍波尔多液喷雾。主要虫害就是仙客来螨，这种螨多寄生于球茎、叶、花蕾处，吸食仙客来的汁液使仙客来停止生长，由此则会造成畸形叶或不开花。该螨体型小，繁殖速度快，但防治也较为简单，因为许多杀虫剂对仙客来螨都有效，如40%三氯杀螨醇1000倍液、73%螨特乳油2000倍液等。由于仙客来螨大都位于叶背和嫩芽上，所以使用杀虫剂喷雾时要注意均匀地喷透，并且连续喷2～3次。

布置应用

仙客来适宜于装点客厅、商店、餐厅等地方。又因其花色艳丽，花形奇特诱人又易活、易种，所以可用来馈赠亲友。

繁殖：仙客来种子比较大，通常采用点播的方法进行繁殖。最佳播种时间为9月上旬到10月中旬，适合发芽的温度为18℃～22℃，播种后1～2个月内发芽，11～13个月内开花。由于仙客来是喜光花卉，所以为了使花蕾繁茂，在现蕾期要给予其充足的阳光，最好将其放在室内向阳处。

修剪：一般无需修剪，只需经常检查有无干叶、枯叶、病叶，如果有此种情况发生时，将其剪掉即可。

养护问答

Q 如何使仙客来安全度夏？

A 入夏以后，气温会明显升高，仙客来的叶片会逐渐枯萎变黄，此时应该减少浇水量，使仙客来的球茎转入休眠状态。在其叶片出现枯萎，花盆中的土有些许干燥后，可把仙客来搬置于通风、遮阴处，须注意的是，千万不能使花盆中的土壤过于干燥，否则会导致仙客来球茎干枯、死亡。

Q 如何能使仙客来老株复壮而且多花？

A 在五六月份气温升高的时候，把花移至室外，花后期控制浇水1个月左右，将球茎从盆中取出，去掉泥土，剪去长根及坏根，植于腐殖质土为主、细沙为辅的混合土中，球茎要高于土面，可以将露在土面外的球根外侧涂上一层泥，浇透水后放在通风阴凉处，这期间不用施肥，只需防雨、保湿即可。入秋天凉后，将盆移到向阳处，修去残存枝叶，保护好新叶芽，同时加强肥水管理，生长期要经常转盆，来保持仙客来的花苗采光均衡，这样，就能使仙客来老株复壮且多花了。

Q 仙客来叶片发黄、花梗萎蔫、根系腐烂是什么原因？

A 造成仙客来叶片发黄、花梗萎蔫甚至根系腐烂的原因有很多，其中温度过高、肥液过浓、盆中积水都会造成这些不良现象，所以，在家庭的养护中，要掌控好光照及温度、湿度、肥液浓度等，只有把仙客来的习性都了解清楚了，才能把仙客来养活、养护好。

Q 怎样帮助仙客来授粉？

A 仙客来一般在农历的冬月会正式进入花期，此时可进行人工授粉。操作较为简便，当花盛开的时候，用食指或者中指从下往上托擎花蕊，轻轻地震动数下，雄蕊的花粉就会落在手指上，随着手指的上下震动，花粉就被涂抹到了雌蕊上。这样每日进行1～2次，连续2～3天即可保证仙客来授粉，此法为家庭养殖仙客来最简单、最有效的方法了，授粉率可达百分之百。

Q 在家庭养护中仙客来最常见的灰霉病如何防治？

A 灰霉病主要症状是病害处有水渍状直径为1～2毫米的小斑，呈褐色，后逐渐扩大并腐烂。叶柄或花柄部位染病时，叶片或花朵倒折，病害处有灰色霉层，后变为土黄色霉层，致病原因为湿度过高且通风差。防治方法：一是及时通风以降低空气湿度；二是及时摘除病叶以减少传染源；三是喷施代森锌、多菌灵等广谱性杀菌剂。

清除异味才是真

• Common aspidistra
（英文名）

一叶兰

★科属：百合科、蜘蛛抱蛋属

★别名：蜘蛛抱蛋、箬兰

★花期：4～5月

生长特征

一叶兰为多年生常绿草本植物。根状茎粗壮匍匐。叶基生、质硬，矩圆状指针形，基部狭窄呈沟状，长叶柄。花单生，开于短梗上，紧附地面，花径褐紫色，花被钟状。

养护管理

浇水：生长旺季浇水要充足，宜经常保持盆土湿润状态，但又不宜浇水过多。若盆土长期潮湿，就会引起根系腐烂，叶色变黄。

施肥：生长期需要大量营养，春季每7～10天施1次稀薄氮肥。花芽分化前约每半个月施1次稀薄复合肥。开花坐果后再喷施1～2次0.2%磷酸二氢钾溶液，可使叶绿、花繁、果大。

光照：一叶兰耐阴性强，不喜强光。

介质：培植土要偏酸性，并要求较好的透气性。

病虫害：一叶兰红蜘蛛和介壳虫。

繁殖：一叶兰以分株法繁殖为主。

修剪：要经常修剪下部及内部的枯叶，以保证冠形美观。

布置应用

一叶兰既可吸收有毒气体又可消除烟味。

养护问答

Q 一叶兰的繁殖方法有哪几种？

A 一叶兰常用分株法来进行繁殖，这种方法四季均可进行。繁殖时可先将植株从盆中取出，剔去宿土，剪除老根及枯黄叶片，用刀将根部切开，每丛留3～6片叶，分别栽植于盆中。随分随种，栽时注意扶正叶片，栽植不要太深，以根状茎埋入土中2厘米左右为宜。

• Boston fern（英文名）

波斯顿蕨

★科属：肾蕨科、肾蕨属

★别名：高肾蕨

★花期：——

生长特征

波斯顿蕨为多年生常绿蕨类草本植物。根茎直立，有匍匐茎。叶丛生 ，革质，叶片大，有光泽，具细长复叶，叶片展开后下垂，叶片为二回羽状深裂，羽片长90～100厘米，小羽片基部有耳状偏斜。孢子囊群半圆形，生于叶背近叶缘处。

养护管理

浇水：生长期需每天浇水1次，宜滴灌，以免叶片因沾上水珠而枯黄、腐烂。炎夏还可在盆栽周围喷水，以提高湿度。冬天应适当控制水分，保持盆土湿润即可。

施肥：生长期须追施氮肥。室内栽培，可每隔2个月左右补充以氮素为主的营养液1次。

光照：波斯顿蕨为喜阴湿的环境，对温度要求不严格，抗寒性较强，忌阳光直射。

介质：以腐叶土为宜。

病虫害：病害主要是叶斑病和猝倒病。虫害主要是易受毛虫、介壳虫、粉蚧和线虫等的危害。

繁殖：波斯顿蕨不产生孢子叶，只能用分株法或走茎法繁殖。常用缝制分株法来繁殖，夏季从生长旺盛的植株中剪下匍匐枝上生出的带根小植株，然后再另行栽植即可。

修剪：波斯顿蕨一般不需要修剪，平时注意剪去枯枝和发黄枝即可。

布置应用

波斯顿蕨除可适宜室内作吊挂观赏外，还可吸收甲醛、油漆、涂料等异味。

养护问答

Q 给波斯顿蕨浇水应注意什么？

A 给波斯顿蕨浇水应在早上或晚上进行，夏天切记不要在中午浇水，切忌浇水过多，以免烂根。如果用自来水浇，要将水放在缸里静置1～2天。须特别注意不要让波斯顿蕨淋雨。

Q 波斯顿蕨能开花吗？

A 波斯顿蕨属观叶类花卉，一般生长在比较阴暗潮湿的地方，是不开花的植物品种。

• *Zebrina pendula*（拉丁名）

吊竹兰

★科属：鸭跖草科、吊竹梅属

★别名：斑叶鸭跖草、吊竹梅

★花期：6～9月

生长特征

吊竹兰为多年生常绿草本植物。根茎细弱，绿色，多分枝，节上生根。叶子为长圆形，顶端短尖，全缘，叶面绿色，间杂有银白色或紫色条纹，叶背紫色，小花白色，花数朵聚生于小枝顶端。

养护管理

浇水：生长期需每天浇水1次，并要给叶面喷水。冬季可减少水量，在盆土半干时适量浇水即可。

施肥：生长期可每半个月施肥1次，主要施以氮为主的复合肥。

光照：喜半阴的环境，应尽量避开烈日直射。

介质：吊竹兰对各种土壤的适应能力都很强，栽培较容易。

病虫害：吊竹兰生命力强，病虫害很少。需注意的是，植株叶片有时会变成绿色，这时应及时将其摘除，避免整株植物叶片全部变绿而影响观赏价值。

繁殖：吊竹兰主要采用扦插法繁殖，而最佳的扦插时间是3～5月和9～10月。扦插时，可选取生长健壮的枝条，剪成7～10厘米长的段（每段须带2～4个节），保留上部顶叶或侧叶，修去下部的叶片后插入湿润的沙土中即可。

修剪：为了保持植株优美，可每年进行1次修剪。

布置应用

吊竹兰可用于装饰庭院、凉台，亦可作为室内盆景供观赏之用。

养护问答

Q 怎样使吊竹兰叶色更加娇艳？

A 在吊竹兰生长期，盆土要经常保持湿润。夏季天气炎热，要将花置于阴凉处，以避免阳光暴晒，但要保持室内空气流通，并且要经常喷水和对枝叶喷雾，这样就可以保持枝叶鲜艳了。此外，冬季的温度比较低，应控制浇水量，使盆土稍干。不要使盆内的水分过多，以免引起烂根。

• Aglaia odorata Lour（拉丁名）

米 兰

★科属：楝科、米仔兰属

★别名：树兰、米仔兰、鱼子兰

★花期：7～8月

生长特征

米兰为常绿灌木或小乔木，枝多，树冠呈半圆形。奇数羽状复叶互生，叶柄上有黑色腺点，叶轴有窄翅，小叶，对生，草质有光泽无柄，狭椭圆形至狭椭圆状披针形，花单性与两性同株，为腋生疏散的圆锥状花序，花朵小而多，圆球形。浆果卵形至球形，有星状鳞片。

养护管理

浇水：盆土干至表面发白时需浇水，浇水以盆底有水渗出为宜。夏季，除每天浇透1～2次外，还应在下午日落前用清水喷洗叶面。

施肥：幼苗初次长出新叶时，应每2周施肥1次。待成熟开花后，应追施2～3次充分腐熟的稀薄饼肥水。

光照：喜温暖湿润和阳光充足的环境，不耐寒，稍耐阴。越冬温度不可低于10℃。

介质：土壤以疏松、肥沃的微酸性土壤为最佳。

病虫害：米兰常受叶斑病、炭疽病和煤污病危害，可用70%甲基托布津可湿性粉剂1000倍液喷洒。虫害主要有蚜虫等，可用40%氧化乐果乳油1000倍液进行喷杀。

繁殖：米兰常用压条法和扦插法繁殖。

修剪：春季生长旺盛，剪去枯枝、病虫枝和细弱的过密枝，以促进植株的生长与开花。

养护问答

Q 米兰具有哪些食疗的功效呢？

A 米兰的花可当茶饮用或入药，有行气解郁的功效。枝条具有活血化淤、消肿止痛的功效。

Q 米兰是怎样有效净化空气的呢？

A 米兰是天然的清道夫，其不仅能吸收空气中的二氧化硫和氨气，还能散发出对人体健康有益、具有杀菌作用的挥发油，净化空气效果超强。

• *Monstera deliciosa*（拉丁名）★科属：天南星科、龟背竹属

龟背竹

★别名：蓬莱蕉、铁丝兰、穿孔喜林芋

★花期：8～9月

生长特征

龟背竹为常绿藤本植物，茎粗壮，叶孔裂如龟甲，节多似竹，茎上着生长而下垂的褐色气生根，可攀附于他物上生长。叶厚革质，互生，暗绿色或绿色；幼叶为心脏形，无穿孔，长大后叶呈矩圆形，具不规则羽状深裂，自叶缘至叶脉附近孔裂，如龟甲图案；叶柄长30～50厘米，深绿色，有叶痕；叶痕处有苞片，革质，黄白色；花状如佛焰，淡黄色；果实可食用。

养护管理

浇水：龟背竹喜湿润环境，生长期间需要充足的水分，须经常保持盆土湿润；天气干燥时则需向叶面喷水，以保持空气潮湿，促进枝叶生长、叶片鲜艳。

施肥：龟背竹属较喜肥的花卉，4～9月每月施2次稀薄液肥，可以使其生长旺盛。龟背竹的根比较柔嫩，忌施生肥和浓肥，以免烧根。

光照：龟背竹属典型的耐阴植物，在播种幼苗和刚扦插成活苗时，切忌阳光直射，以免叶片被灼伤。

介质：培植土要有偏酸性，还要有较好的透气性。

病虫害：病害主要为叶斑病、灰斑病和茎枯病；虫害主要为介壳虫，可用40%氧化乐果乳油1000倍液喷洒来进行防治。

繁殖：龟背竹多采用扦插法和播种法。

修剪：定植后要定期进行修剪，以保持外形的美观。

布置应用

龟背竹适宜在室内种养，有净化空气的作用。

养护问答

Q 适合龟背竹生长的温度是多少？

A 龟背竹喜温暖、湿润的环境，耐寒性较强，生长适温为20℃～25℃，越冬温度为3℃。

Q 龟背竹应多长时间换1次盆？

A 龟背竹生长速度较快，应每年春季换1次盆，换盆时应增施基肥和培养土，以保证龟背竹在新的环境中有充足的营养可以吸收。

Part5

第五章

易种易活的花草

越来越多的人将养殖花草视为怡情、养心、健体的一种喜好。然而，对于养殖花草的人来说，有养殖花草的欣喜，也有很多挥之不去的烦恼，如在种植花草时虽付出很多心血，但花草却不明原因地枯萎了……其实，种花、养草如同育人，要用科学、合理的方法。只有当你掌握了这些方法，并选对了那些易种易活的花草品种之后，所谓的烦恼自然也就离你而去了。

• Calathearufibara（拉丁名）

紫背竹芋

★科属：竹芋科、花竹芋属

★别名：红背卧花竹芋、红背竹芋

★花期：冬季至次年春季

生长特征

紫背竹芋为多年生草本植物，株高80～100厘米，最高时可达1.5米。叶在基部簇生，叶片长卵形或披针形，叶长30～40厘米，宽8～12厘米，叶面深绿色，有光泽，中脉浅色，叶背为紫褐色。圆锥状花序，苞片及萼鲜红色，花瓣白色。

养护管理

浇水：紫背竹芋喜潮湿、荫蔽的环境，生长期间应充分供应水分，盆土微干时应当及时浇水，但不要使盆土积水，以免影响生长和造成烂根。

施肥：当叶子处于生长期时，每10天左右施1次复合肥。夏季和初秋每20～30天施1次肥，施肥时需注意氮肥含量不能过多，因为氮肥过多会使叶片无光泽、斑纹减退，一般情况下，氮、磷、钾的搭配比例为2∶1∶1。

光照：宜放在光线明亮但可避免受阳光直射的地方。

介质：以富含腐殖质、疏松、透水的土壤为宜。

病虫害：紫背竹芋最主要的病虫害是叶斑病、叶枯病、介壳虫。叶斑病和叶枯病的解决办法是用65%代森锌可湿性粉剂600倍液喷洒来防治；而对于介壳虫的危害，可用50%杀螟松乳油1000倍液喷杀。

繁殖：紫背竹芋可采取分株法繁殖。生长旺盛的每1～2年可以分盆1次。最佳分株时机应是春季天气回暖时。

布置应用

紫背竹芋枝叶茂密、株形丰满，适合布置于办公室、卧室以及客厅之中。

养护问答

Q 养紫背竹芋最应该注意的是什么？

A 养紫背竹芋最应该注意的就是对水分和光照的控制。紫背竹芋比较易养、易活，除了对湿度要求比较高外还要避免阳光直射，把控好这两点，就不会有什么问题了，平时可经常向叶面及周围喷水，以保持潮湿。注意，如果盆土干透的话，叶子就比较容易发生卷曲、焦边，从而影响观赏性。

• Apple arrowroot（英文名）

苹果竹芋

★科属：竹芋科、肖竹芋属

★别名：圆叶竹芋、青苹果竹芋

★花期：6～8月

生长特征

苹果竹竿为多年生常绿草本花卉，高40～60厘米，具有根状茎。叶柄为绿色，叶片硕大，呈圆形或近圆形，叶缘呈波浪状，新叶翠绿色，老叶则为青绿色，叶背为淡绿色且微泛浅紫色，侧脉有排列整齐的银灰色宽条纹。穗状花序。

养护管理

浇水：苹果竹竿喜湿润，忌干旱。生长期须每天浇水1次，新叶萌芽和寒冬来临时，要严格控制浇水，防止根茎腐烂。

施肥：家庭养殖时，可浇施或喷施0.2%的尿素加0.1%的磷酸二氢钾混合液。须注意的是，当气温高于32℃或低于18℃时，要停止施肥，以免引起烂根。

光照：苹果竹竿喜半阴，忌强光直射，夏季阳光过强的时候须搭遮阳棚，最好置于有充足散射光的地方。

介质：适宜富含有机质的酸性腐叶土壤。

病虫害：苹果竹芋常见的病害是叶斑病和锈病，可用比例为0.5∶0.5∶100的波尔多液每10天喷洒1次，连续喷洒2～3次即可。常见的虫害有介壳虫和红蜘蛛，介壳虫可用25%的扑虱灵可湿性粉剂2000倍液喷杀；而对于红蜘蛛，可以用25%的倍乐霸可湿性粉剂2000倍液喷杀。

繁殖：苹果竹芋可以结合换盆进行分株来繁殖。

养护问答

Q 为什么往苹果竹芋叶子上洒的水滴干了以后留下一层白白的水垢？

A 在给苹果竹芋的叶子喷水时，当水干后会留下白白的水垢，这说明所用的水质太硬。这样的水不利于苹果竹芋的生长，正确的方法就是把从水管中接的水在室内晾晒几天后再进行喷洒，这样会使水质变得适宜，浇花后也就不会对苹果竹芋产生很大的危害了。

布置应用

苹果竹芋可摆放于客厅、卧室、书房、阳台等处，也可用于布置商场、宾馆等大型公共场所。

• Winter pot kalanchoe

（拉丁名）

长寿花

★科属：景天科、伽蓝菜属

★别名：矮生伽蓝菜、圣诞伽蓝菜

★花期：1～4月

生长特征

长寿花为多浆植物。其茎直立，株高10～30厘米，叶子肉质交互对生，长圆形，深绿色有光泽，叶缘具波浪状齿。锥状聚伞花序，筒状花，成熟时花冠4裂，花朵较小，但多而密，有绯红、桃红、橙红等色。

养护管理

浇水：每隔3～5天浇水1次即可。

施肥：幼苗上盆定植半月后及老株分株半月后可施2～3次以氮肥为主的液肥；花期前最好每周施以磷、钾为主的鱼腥肥1次，而盛花期可施速效的磷酸二氢钾，浓度以2%为宜，每10天1次。

光照：长寿花喜光，宜置于阳光充足、空气流通好的环境中，但盛夏要注意尽量避免使之受到阳光直晒。

介质：长寿花对土壤要求不严，但是在重黏土中较易烂根，所以最好选用疏松、肥沃的微酸性沙质土壤。

病虫害：长寿花最常出现的病害是白粉病和枯叶病，出现这两种病时，可用65%代森锌可湿性粉剂600倍液喷洒。虫害主要是介壳虫和蚜虫，发现这两种虫害时，可用40%乐果乳油1000倍液喷杀防治。

繁殖：在家庭中，长寿花的繁殖最常采用的就是扦插法，成活率极高，适宜于春秋季节扦插。

修剪：花期过后，需将整株的一半修剪掉。

布置应用

长寿花是理想的室内花卉，既可观花又可观叶，且名字吉祥，可放置在窗台、客厅等处。

养护问答

Q 长寿花的越冬期该如何管理？

A 长寿花越冬的关键在于防止冻害。一般情况下，只要温度不低于5℃，就能平安度过冬天。在冬季，白天尽量让长寿花多接受些阳光，到了夜间要在花上覆盖保温膜以保持温度，冬季的湿度可维持在30%左右。施肥方面，由于长寿花在冬季生长缓慢，故在这段时间须停止施肥。

• Brazil keel（英文名）

巴西龙骨

★科属：仙人掌科、龙神属

★别名：圆龙骨柱、龙骨

★花期：6～8月

生长特征

巴西龙骨为多浆植物。植株三棱状，多分枝，蓝绿色，高4～5米，棱边有小刺，刺极短。花开4～9朵，丛生于巴西龙骨上部的刺座上，白天开放，夜晚闭合。浆果圆形，蓝紫色，可食用。

养护管理

浇水：巴西龙骨耐旱，喜干燥土壤，只要土壤不是特别干燥，就尽量不要浇水，即使浇也不能浇太多。

施肥：少施肥，特别是冬季，温度低，巴西龙骨处于休眠期，可不用施肥。

光照：巴西龙骨喜光，但夏季气候炎热，光照过强，最好不要让强光直射，以免其被灼烧，其他季节皆可直接接受光照。

介质：以疏松肥沃、排水性良好的沙质土壤为宜。

病虫害：巴西龙骨主要易受红蜘蛛的危害，可以用1000～2000倍液氧化乐果进行喷杀，要注意用量不可过大，以防止巴西龙骨顶部溃烂。

繁殖：巴西龙骨可单株扦插繁殖，也可多株集中扦插繁殖。两种扦插繁殖的方法为：一种是将巴西龙骨切段进行扦插，扦插时将上下切口都用草木灰封闭，插穗长度以20～25厘米为宜；另一种是从龙骨枝上取下分枝，稍加晾晒后即可扦插，这种扦插生根快，切口比较小。

布置应用

巴西龙骨能昼夜吸收二氧化碳，释放氧气，所以可摆放于客厅、卧室、书房、会议室等处。

养护问答

Q 怎样才能养好巴西龙骨呢？

A 巴西龙骨的管理相对要粗放些，因为它对土壤的要求不高，但忌黏性较大的土壤，这样的土壤排水性差，极易引起龙骨的根部病变。而掺入河沙的土壤排水性好，比较适合龙骨的生长。平时浇水也要适量，不可过多，等盆土稍微干燥后再浇水，否则过于湿润的土壤会引发植株烂根。

·Jasmine（英文名）

茉莉花

★科属：木犀科、茉莉花属

★别名：香魂

★花期：6～10月

生长特征

茉莉花为常绿小灌木或藤本状灌木。其枝条细长，略呈藤本状，高可达1米，小枝有棱角，有时有毛。单叶对生，光亮，宽卵形或椭圆形，叶脉明显，叶面微皱，叶柄短而向上弯曲，有短柔毛。初夏由叶腋抽出新梢，聚伞状花序，顶生或腋生，有花3～9朵，花冠白色，极芳香。

养护管理

浇水：茉莉花生长期不宜浇水太多，当盆土太干时，可浇一些水。浇水时，应注意不要让盆底积水太多，这样易导致烂根、叶片发黄，甚至整个植株死亡。

施肥：茉莉花施肥以有机液肥料为好。施肥时间应以盆土出现白皮、盆壁周围土表刚小刚干裂缝时最为适宜。可以每周施1次薄水肥。当开花季节时，要每3天施1次肥水，二、三批花开放时，要每2天施1次液肥。

光照：茉莉花喜温暖湿润的半阴环境中生长。

介质：适宜在有机质且具有良好透水和通气性能好的土壤里生长。

病虫害：茉莉花的病害主要是茎腐病、白绢病，可用70%的托布津1000倍液涂抹病斑或涂枝干。虫害主要有蚜虫等，可用50%敌百虫可湿性粉剂6000倍液喷洒。

繁殖：茉莉花常采用扦插法和压条法进行繁殖。

修剪：生长期应经常疏除生长过密的老叶。

布置应用

茉莉花适宜于室内盆栽养殖，不仅可以净化空气，消除室内异味，又可促进睡眠。

养护问答

Q 如何防治茉莉花红蜘蛛危害？

A 防治红蜘蛛时，平时应多注意观察，如果发现叶片颜色异常时，要仔细检查叶背，若发现个别叶片受害时，可以摘除虫叶，较多叶片发生时，应及早喷药。常用的农药有乐果、花虫净、速灭杀丁等。在使用药量时，要适量，如使用乐果喷洒时，滴入8滴（相当于1000倍药液）喷药即可。

• Ranunculus asiaticus
（拉丁名）

芹叶牡丹

★科属：毛茛科

★别名：波斯毛茛

★花期：4～5月

生长特征

芹叶牡丹为多年生宿根草本植物。其株高20～40厘米，块根呈纺锤形，常数个聚生于根颈部。茎单生，或少数分枝，有毛。叶分为基生叶和茎生叶，基生叶阔卵形，有长柄，茎生叶无柄。花单生或数朵顶生，有重瓣、半重瓣，花色有白、粉、黄、红、紫等色。

养护管理

浇水：芹叶牡丹以春秋和夏初为生长期，天晴时每日浇水1次，阴天则只需4天左右浇1次即可，盛夏和冬季为休眠期，保持土壤微湿即可。

施肥：生长期每15天施1次稀薄的氮、磷、钾液肥，花蕾显色后应停止施肥，休眠期也不用施肥。每次施肥后，要及时喷水，以免肥料沾在植株上发生肥害。

光照：芹叶牡丹喜散射光充足的半阴环境，为避免盛夏强光暴晒，可将其放置于通风良好之处。

介质：适合生长在含腐殖质较多的土壤中。

病虫害：芹叶牡丹常见的病害是叶斑病，可用65%代森锌可湿性粉剂600倍液喷洒；虫害主要易受介壳虫的危害，可用40%氧化乐果乳油1500倍液喷杀。

繁殖：可以采取分株、扦插、播种等方法繁殖。

修剪：盆栽芹叶牡丹的茎单生，分枝较少，所以很少用修剪之法，只需时常摘去黄叶、枯叶即可。

布置应用

芹叶牡丹花色艳丽，适合布置于庭院、会场、花坛等地，也可布置于树丛、草地之间。

养护问答

Q 如何使地栽芹叶牡丹在春节期间开花？

A 如果要使地栽芹叶牡丹在春节期间开花，则必须要在秋季上盆，上盆后放在冷室内，到12月份的时候移至温室中，温室的温度要保持在12℃～15℃之间，必须要保持土壤湿润，还要注意适当地进行施肥，为芹叶牡丹供输所需养分。在全光照下培养，3个月左右就可开花。

• Crab cactus（英文名）

蟹爪兰

★科属：仙人掌科、蟹爪兰属

★别名：蟹爪、圣诞仙人掌、仙人花

★花期：11～12月

生长特征

蟹爪兰为多年生常绿植物。其新出茎节略带红色，主茎圆形，老株基部常常木质化。植株呈悬垂状，嫩绿色，分枝较多，通常是成簇下垂，呈节状，节间短，节部明显，刺座上有刺毛。花开在茎节的顶端处，两侧对称，常见花色有大红、桃红、杏黄、纯白等色。

养护管理

浇水：冬季寒冷，可4天左右浇1次水；夏季炎热，早晚各浇1次为宜；入秋后，炎热时每天浇水1次，天气凉爽时，2天左右浇1次水。

施肥：夏季生长期，肥料应以氮为主，以磷和钾为辅；秋季生长期则应以磷钾为主，以氮为辅；越冬期应停止施肥。

光照：早春、晚秋及冬季喜光，其他季节宜半阴。

介质：要求肥沃的腐叶土、泥炭、粗沙混合的土壤。

病虫害：蟹爪兰在高温下容易发生炭疽病、腐烂病和叶枯病，可用50%多菌灵可湿性粉剂500倍液每10天喷洒1次，共喷3次即可。虫害主要是介壳虫，可用杀螟松乳油和亚胺硫磷乳油来喷杀。

繁殖：蟹爪兰多采用扦插和嫁接的方法。最佳时间为春、秋两季。

修剪：花谢后，修剪掉老茎和过密的茎节即可。

养护问答

Q 蟹爪兰四季中如何养？

A 春天时，不要让它太干，可以适当地多浇点水。待花开过后可以加点肥。到了初夏时，须加强水肥管理，水可多浇点，但盆底应少积水，肥应勤加点。气温过高时要注意不可多浇水肥，保持偏干些，还要注意防治病虫害。等到了秋天，天气凉爽时可加些钾肥。冬天要注意防冻，少浇水，保持湿润即可。

布置应用

蟹爪兰无论盆栽或吊盆栽培均适合布置于窗台、客厅、展览大厅等处，是极好的装饰植物。

• Caryota ochlandra（拉丁名）

鱼尾葵

★科属：棕榈科、鱼尾葵属

★别名：长穗鱼尾葵、孔雀椰子

★花期：7月

生长特征

鱼尾葵为多年生常绿乔木，株高50～200厘米，茎干直立，无分枝，叶子较大，2回羽状全裂，酷似鱼尾，叶片厚而硬，叶缘具有不规则的锯齿。肉穗花序下垂，花为黄色，果实成熟后为淡红色。

养护管理

浇水：鱼尾葵刚上盆时，要控制浇水量，每天向叶面喷洒一些清水，而进入生长旺季则要多浇水，保持盆土湿润，叶面及周围地面也要经常喷水。夏季上、下午各浇水1次，春、秋两季每天浇水1次。

施肥：盆栽或换盆时，要加少量的腐熟饼肥作为基肥，生长期每半个月需追肥1次，入秋后则应停止施肥。

光照：喜光，宜种植于阳光充足的环境，但是忌强光直射和暴晒。

介质：以疏松肥沃、排水良好的土壤为宜。

病虫害：高温、高湿及通风不良等时易感染霜霉病，可喷洒800～1000倍液托布津等杀菌剂来预防；虫害主要是介壳虫，可以喷施800倍液氧化乐果来防治。

繁殖：鱼尾葵的主要繁殖方法有播种法和分株法两种。采用播种法时，可以选用成熟的种子采收以后立即播种即可；如果采用分株法则是将鱼尾葵根基部的蘖芽切下单独栽植。

布置应用

鱼尾奎适合摆放于客厅、餐厅、会场，是优良的室内大型盆栽树种，也适合在园林、庭院栽植。

养护问答

Q 鱼尾葵的老叶枯死了，为什么嫩叶仍旧很绿？

A 如果鱼尾葵光照严重不足的话，无法依赖光合作用提供养分，叶片就会变黄，严重时会导致整株植物枯死。鱼尾葵的叶靠株内尚存的养分维持，而老叶吸收能力不及嫩叶，所以极易造成老叶枯死，新叶还是绿的。此种情况要将鱼尾葵移至半阴处养护，使其慢慢恢复正常生长。

• Tillandsia cyanea（拉丁名）

铁 兰

★科属：凤梨科、紫凤梨属

★别名：紫凤梨、紫花凤梨

★花期：9月至次年3月

生长特征

铁兰为多年生附生草本植。其植株无茎，叶呈莲座状丛生，中部下凹，先斜出后横生；叶片窄长，宽1～2厘米，长度30厘米左右；花茎稍短3厘米左右。花序椭圆形，呈羽毛状，粉红色，自下而上开紫红色花。

养护管理

浇水：春秋两季，每周浇水1次；夏季炎热，每周浇2次即可；冬季，2～3周浇水1次，当土壤不是特别干时，也可用喷水代替。

生长期间，每天早、晚喷水2次最佳，注意当室温低于15℃时，应停止喷水。

施肥：生长期每周施肥1次，冬季则停止施肥。

光照：铁兰喜光，冬季以多见阳光为宜，但夏季光照较强，要避免阳光直射，最好放置在散射光充足、通风良好的环境里。

介质：要求富含腐殖质和粗纤维的土作为盆土。

病虫害：铁兰病虫害较少，容易防治。常见病害是心腐病，这是由于长期使用碱性水而引起的，只要调节用水的酸度就可解决。虫害主要是介壳虫，可用1000倍的氧化乐果或2000倍的速扑杀溶液连续喷洒3次即可消灭。

修剪：铁兰开完花后要及时修剪。如若有病害的病叶时，也要及时剪除。

布置应用

铁兰可用来布置客厅、书房，亦可用于布置会议室、会客室、休息室等。

养护问答

Q 种植铁兰的最佳湿度是多少？

A 种植铁兰的最佳湿度是50%～70%，如果湿度低于40%，植株就会生长变慢，叶子干涩，就会显得没有生气，使观赏价值大打折扣；如果相对湿度高于80%，则会造成植株徒长，并易发生各种病虫害。所以，要把湿度尽量控制在50%～70%，这样铁兰才会生长得更加旺盛。

• Bird of paradise（英文名）

天堂鸟

★科属：旅人蕉科、鹤望兰属

★别名：鹤望兰

★花期：9月至次年3月

生长特征

天堂鸟为多年生草本植物。株高1米左右。株形丛生，叶子形状似芭蕉，叶柄较长，排成扇状。花序从叶腋抽生，高出叶丛，长50厘米左右。花序由船形的苞片构成，长15厘米左右，花大，两性，两侧对称，花苞紫红，花萼橙黄，花瓣浅蓝，整个花序形似眺望远方的仙鹤。

养护管理

浇水：夏季水分蒸发快，除了适当多浇水外，还要经常对叶面及周围地面喷水，以增加空气的湿度；冬季可减少浇水次数，勿必保持盆土偏干。

施肥：夏季应停止施肥，其他季节每2周施肥1次，在花莛抽生时最好再增施1次磷肥。

光照：天堂鸟喜光，除了在夏季要适当地遮阴外，其他季节都要保持充足的光照。

介质：要求疏松肥沃、土层深厚、富含有机质并且排水性良好的土壤。

病虫害：天堂鸟除了叶斑病外，病害较少，发现病害，要及时清理掉受害叶。虫害主要是介壳虫，一经发现要及时用刷子消灭掉；出现大量虫害时，可采用25%亚胺硫磷乳剂1000倍溶液喷杀，每隔7天喷1次，连喷3次即可见效。

繁殖：天堂鸟可以采取播种和分株的方法来繁殖，常用的是分株法。分株繁殖的最佳时机是5～6月。

布置应用

因为天堂鸟株型较大，极少作为室内摆放，多用于插花。

养护问答

Q 天堂鸟适合在北方种植吗？

A 在北方，天堂鸟并不容易种植，除非在室内种植。在室内种植时，生长温度一定要适宜，水肥管理一定要跟上，3月至10月需保证其温度在18℃～24℃，10月至翌年3月需保证温度在13℃～18℃。温度可保持在白天20℃～22℃、晚间10℃～13℃，到了冬季，温度不得低于5℃即可。

• Rad ermachera sinica
（拉丁名）

幸福树

★科属：紫葳科、菜豆树属

★别名：菜豆树、接骨凉伞、山菜豆树

★花期：5～9月

生长特征

幸福树为中等落叶乔木，其主干可以长到15米以上。2回或3回羽状复叶，叶轴长30厘米左右，中叶对生、无毛，呈卵形或卵状披针形，长度在4～7厘米之间，全缘，两面无毛、叶柄无毛。

养护管理

浇水：夏季高温，每天应给植株喷水2～3次。冬季，室温低于10℃时，每隔2～3天，可于晴朗天气的中午，用稍温的清水喷洒植株1次。

施肥：幸福树在生长期需要勤施肥，一般施用等比例的氮、磷、钾混合肥料即可。

光照：幸福树喜光亦耐阴，全日照或者是半阴环境均可，但夏季要避免阳光直晒。

介质：以疏松肥沃、排水透气性良好、富含有机质的土壤为宜。

病虫害：幸福树的病害主要是叶斑病，可定期喷洒50%的多菌灵可湿性粉剂600倍液，每半月1次，连续 喷3～4次即可治愈。虫害主要是介壳虫，可用25%的扑虱灵可湿性粉剂1500倍液进行喷杀。

繁殖：幸福树可采用播种、扦插、压条3种方法来繁殖。扦插繁殖的最佳时机为3～4月初。

修剪：宜在春季新叶萌发前进行一次修剪整形。

布置应用

幸福树除了供观赏外，其根、叶、果还可以作药用，具有凉血、消肿、退烧的效用。

养护问答

Q 幸福树叶片发皱变形，并且还有蜜露斑，是什么原因？

A 幸福树的叶片发皱变形，并且还有晶莹的蜜露斑，造成这种现象最常见的原因就是病虫害——绿桃蚜。这种蚜虫用肉眼就能看到，防治时可以用锌硫磷、氧化乐果或者敌杀死等专用药物来喷杀，如果数量不多，可以人工用湿布或者毛笔抹去亦可。

• Elephant bush（英文名）

金枝玉叶

★科属：马齿苋科、马齿苋属

★别名：马齿苋树、绿玉树

★花期：全年

生长特征

金枝玉叶为多年生常绿肉质灌木。茎肉质，粗壮，节环缠绕，紫褐色至浅褐色，分枝近水平，新枝在光照充足的条件下呈紫红色，若光照不足，则呈绿色。叶片绿色，交互对生，细小而厚实，表面光亮，聚生于枝头。

养护管理

浇水：金枝玉叶耐干旱，生长期浇水要遵循“不干不浇，浇则浇透”的原则，还要避免因盆内积水而造成烂根。

施肥：每隔20天左右施肥1次，肥液最好是腐熟的稀薄液肥。冬季为金枝玉叶的休眠期，应停止施肥。

光照：金枝玉叶喜温暖、干燥、光照充足的环境。夏季高温，应适当遮光，其余季节皆可直接接受阳光直射。

介质：以疏松肥沃、排水良好的沙土壤为宜。

病虫害：金枝玉叶的病虫害较少，主要病害是炭疽病，防治这种病可用50%托布津可湿性粉剂1500倍液喷洒。虫害有粉虱、介壳虫，可以用50%杀螟松乳油1000倍液进行喷杀。

繁殖：金枝玉叶的繁殖一般采用扦插法，在其生长期内皆可进行。选取健壮、充实和节间较短的茎干作为插穗，长度要控制在10～12厘米；扦插前则要去掉下部叶片，晾晒几天，待切口干燥后，插于培养土中，20天左右即可生根。

布置应用

金枝玉叶适合布置在阳台，也可布置在客厅、书房、会客室、会议室。

养护问答

Q 金枝玉叶多久才能翻盆1次？翻盆时要注意什么？

A 通常情况下，金枝玉叶2～3年需翻盆1次。翻盆的时候要剪除弱枝及其他影响树形的枝条，还要剪去部分根系，剔除一半或者是1/3的原土壤，再用事先准备好的中等肥力及排水性及透气性都良好的沙质培养土重新栽培即可。翻盆后，应注意水肥的管理。

• Columnea gloriosa
（英文名）

金鱼吊兰

★科属：苦苣苔科、金鱼花属

★别名：金鱼花、袋鼠吊兰

★花期：12月至次年3月

生长特征

金鱼吊兰多年生草本植物。茎斜生，长度为20～40厘米，嫩茎为绿色，老茎呈红褐色。叶对生，卵形，长3～4厘米，肉质，叶面浅绿色，背面靠主脉处为红色，叶端较尖。花于叶腋单生，萼片5枚、雄蕊1枚、雌蕊4枚。

养护管理

浇水：金鱼吊兰在春、夏、秋三季要多浇水，并要经常用清水喷洒周围的地面，以增加其湿度。冬季要控制浇水，但在开花前为了能使花朵开得充分，可适当多浇一些水。

施肥：生长期每1～2周施1次有机薄肥液，在开花前应当增施磷肥，但开花期则不能施肥，花谢后可多施含氮肥料。

光照：金鱼吊兰喜散射光充足、通风良好的环境。

介质：以疏松肥沃、排水性能好、少量腐叶土与珍珠岩混合的培养土为宜。

病虫害：金鱼吊兰病虫害较少，如果出现叶顶端发黄的情况，注意加强肥水管理即可治愈。虫害主要是介壳虫和粉虱等，可人工用湿布或者是毛笔擦去即可。

繁殖：最常使用的繁殖方法就是扦插法，一般扦插的适宜时间为春、秋两季。

布置应用

金鱼吊兰造型雅致，适宜摆放于会客厅、会议室等地方。

养护问答

Q 家养金鱼吊兰如何进行定植？

A 家庭养殖金鱼吊兰，为了防止浇水时漏水，多用一个圆形、美观的花盆，用排水性良好的粗粒石块铺在盆底，再加入少量的腐叶土与珍珠岩的混合土作为培养土，选择几株根系充实、饱满的金鱼吊兰枝条，均匀地分栽在花盆四周的培养土内，并且要使其倒向盆沿，之后再填满培养土。定植完成。

• Dracaena fragrans（英文名）

银边铁

★科属：百合科、龙血树属

★别名：香龙血树、香千年木

★花期：秋、冬两季

生长特征

银边铁为直立单茎灌木。其高度在1米左右，树干粗壮，叶片丛生于茎顶，弯曲如弓形，呈长宽线形，尖稍钝，无柄，叶缘具波纹，深绿色。

养护管理

浇水：银边铁处于生长旺盛期时，要注意保持盆土湿润，还要经常往叶面上喷洒一些清水，但盆内一定不要积水。冬季处于休眠期，因此要控制浇水。

施肥：生长期每半月左右施肥1次，冬季如果室内温度低于13℃，则要停止施肥。

光照：喜阳光充足处或者半阴处。

介质：以疏松肥沃、排水性良好的沙质土壤为宜，盆栽最好用腐叶土、培养土及粗沙的混合土。

病虫害：银边铁最常见的病害是叶腐病和炭疽病，可用70%甲基托布津可湿性粉剂1000倍液喷洒。常见的虫害是介壳虫及蚜虫，数量少时可人工用毛笔或湿布擦去即可，数量多可用40%氧化乐果乳油1000倍液进行喷杀。

繁殖：银边铁可以采用扦插法、水插法和高压法3种方法繁殖。扦插法宜在5～6月间选用成熟健壮的茎干，截成5～10厘米长的段，平放在沙床上，一个月左右可生根，50天可直接进行盆栽。

布置应用

银边铁可布置于客厅、书房、窗台等地，也可摆放在会场、会议室、大堂等地，有清除有害物质的作用。

养护问答

Q 怎样使银边铁叶芽生长旺盛的同时还能控制其高度？

A 在种养银边铁时，如果想要让银边铁的叶芽生长旺盛，就需要每年春季进行1次换盆，对于新株应每年换盆1次，对于老株每2年换盆1次即可；另外，控制银边铁高度最有效的方法就是进行修剪，通过修剪，既可以控制银边铁的高度，还能使银边铁造型更美观。

• Fittonia verschaffeltii
（英文名）

网纹草

★科属：爵床科、网纹草属

★别名：费道花、银网草

★花期：9～11月

生长特征

网纹草为多年生植物。植株比较矮，呈匍匐状蔓生，茎叶、叶柄、花梗都有茸毛，叶呈卵形或椭圆形，对生，叶面密布白色网格状叶脉。

养护管理

浇水：生长期除浇水增加盆土湿度以外，还应向叶面和底面喷水。冬季或阴雨天，盆土可稍干燥些，空气湿度适中即可。

施肥：以氮肥为宜，生长期间每月追施1次肥即可。施用其他肥料，必须小心掀开叶片，避免因肥料接触叶片而引起肥害。

光照：网纹草耐阴性较强，忌强光直射，在夏季要放在阴凉处。

介质：适宜腐殖质的肥沃疏松、排水性良好的土壤。

病虫害：网纹草病害主要有叶腐病、根腐病。发生叶腐病后可用25%多菌灵可湿性粉剂1000倍液来喷洒防治；根腐病可用链霉素1000倍液浸泡根部来防治；虫害主要有介壳虫和红蜘蛛，可以用40%氧化乐果乳油1000倍液进行喷杀。

繁殖：网纹草繁殖主要以扦插法和分株法为主。以5～9月温度稍高时扦插效果最好。

修剪：生长期要进行修剪和摘心。

布置应用

网纹草盆栽可以摆放在书桌、茶几或窗台上来点缀居室。

养护问答

Q 网纹草放在室内时叶片比较硬度，但是移到室外时就萎焉呢？

A 像这种情况，很明显是因为水分的流失而造成的。通常情况下，水分越多，网纹草叶片的硬度越硬，水分减少，整个植株就会立刻软下来。既然获知了是缺水导致的这种现象，那么从现在开始就给它补水吧。另外，需注意的是，放在室外时，不能放在强光下。

American hophornbeam
（英文名）

墨西哥铁

★科属：苏铁科、美洲苏铁属

★别名：美洲铁、美叶凤尾蕉

★花期：秋、冬两季

生长特征

墨西哥铁为长绿乔木。主干高度为15～30厘米，或单干或有分枝，有的为多头型丛生状，主干表面密被暗褐色叶痕；地下部为肉质粗壮的须根系，叶片为大型偶数羽状复叶，簇生于茎干顶端；叶革质较硬，叶片长度在30～60厘米之间，叶柄长17厘米左右，羽状小叶呈长椭圆形，7～12对，小叶缘上端密生坚硬钝形锯齿；雌花序似掌状，雄花序呈松球状，雌、雄花序不同株。

养护管理

浇水：墨西哥铁在夏、秋两季为生长季，可适当增加浇水量，以保持叶片的光泽，可给叶面喷水，入秋后则只需保持土壤湿润即可。

施肥：为了保证其新叶片翠绿，在生长季每月施2次液肥或者复合肥。

光照：墨西哥铁对光照适应性强，在散射光充足且通风良好的环境中生长为宜。

介质：墨西哥铁喜疏松肥沃、排水性良好的微酸性的土壤。

病虫害：墨西哥铁病虫害较少，只需注意光照、水分、施肥等即可。

繁殖：墨西哥铁可采用播种和分割吸芽两种方法进行繁殖。播种繁殖宜在夏季进行。

布置应用

墨西哥铁生长缓慢、株形稳定，可以布置在客厅、书房、会客室、会议室等地方。

养护问答

Q 墨西哥铁长新芽的时候要注意什么？

A 墨西哥铁长新芽的时候可放置在光照充足的地方，否则容易造成徒长，使得叶片间距变大，观赏性大打折扣。还要注意，长新芽的时候需要比平时稍微增加一些肥水，这样才能使墨西哥铁有充足的养分，促使其健康生长，待新芽叶片生长完全后再控制肥水。

• Primula obconica
（拉丁名）

四季樱草

★科属：报春花科、报春花属

★别名：四季报春、仙鹤莲

★花期：11月至次年5月

生长特征

四季樱草为多年生草本植物。叶子有的呈长圆形，有的呈椭圆形，伞状花序，花开后像一个个小漏斗，繁多而且鲜艳。花色多样，有白色、蓝色、淡紫色、淡红色、洋红色等多种。

养护管理

浇水：四季樱草可根据季节变化来浇水。在生长期，可2天浇水1次，夏季要可稍多浇水，冬季可少浇些水。

施肥：生长期每周施1次稀薄肥或者腐熟有机液肥。

光照：不可将其放在直射光下照射，光照强时应适当遮光。

介质：以肥沃、排水良好、透气性好的土壤为宜。

病虫害：常见病害主要是白叶病，即叶片发白且萎蔫，这是由土壤过湿和不通风导致的，应及时将其移至高温通风处，并降低土壤水分，便可恢复。如果生有蚜虫，可用1000倍液的一遍净来喷洒；若出现潜叶蝇可喷洒1000倍液的潜克。

繁殖：繁殖方法主要是播种法和分株法。种子采下后最好立即就播种或者在干燥低温条件下储藏，但最多不能超过6个月。

修剪：花期过后对凋谢的花枝应及时进行修剪，否则会有灰霉病产生的可能。

布置应用

四季樱草株形小巧，花色淡雅，很适合摆放在窗台或几案上，增色不少。

养护问答

Q 四季樱草施肥时的“四多”、“四少”、“四不”是什么意思？

A 这“四多、四少、四不”是施肥时应掌握的原则。“四多”即叶黄株瘦多施肥、发芽前多施肥、孕蕾前多施肥、花后多施肥；至于“四少”，即肥壮少施肥、发芽少施肥、开花少施肥、雨季少施肥；“四不”则为徒长不施肥、新栽不施肥、盛暑不施肥、休眠不施肥。

• **Haworthia fasciata**
（拉丁名）

条纹蛇尾兰

★科属：百合科、蛇尾兰属

★别名：锦鸡尾、条纹十二卷

★花期：无花期

生长特征

条纹蛇尾兰为百合科多年生肉质草本植物。植株无茎，叶片为肥厚的肉质，呈莲状紧密轮生在茎轴上，叶片为三角披针形，顶端尖锐，叶片表面光滑，背面有瘤状凸起排成一条条白色横纹。

养护管理

浇水：条纹蛇尾兰耐干旱，不耐水湿，盛夏和冬季其处于半休眠期，此期间要控制浇水，让其处于干燥的环境中为宜。

施肥：条纹蛇尾兰不太喜肥，只需春季施1～2次复合肥即可。

光照：条纹蛇尾兰喜阳光也耐半阴，夏季高温时应放在遮阴处，但光线不宜太弱，否则会导致叶片退化、缩小。冬季要放在室内阳光充足的地方。

介质：适宜在排水性良好又富含腐殖质的土壤生长。

病虫害：条纹蛇尾兰易生根腐病和褐斑病，可用65%代森锌可湿性粉剂1000倍液喷施。虫害主要有粉虱和介壳虫，可用40%的氧化乐果乳剂1000倍液喷杀。

繁殖：条纹蛇尾兰主要通过分株法繁殖。春季母株侧旁会有小植株生出，可在换盆时将小植株剥离母株，另行栽培即可。切记，刚栽植时要放在阴凉处，待生出新根后再让其慢慢恢复正常养护。

布置应用

条纹蛇尾兰可放置于茶几或书桌上作为小盆景以供观赏。

养护问答

Q 为什么条纹蛇尾兰叶片会发红？

A 这多是由于光线引起，冬天需将植株移进室内，放在阳光充足处，但是光线不要太强，否则就会导致叶片发红，而且还会枯萎。夏天光线太弱则会使叶片因退化而发红。所以对于条纹蛇尾兰卷的光线，要掌握夏季遮光但不要太弱，冬季需光照但不要太强的原则，这样叶片发红的问题即可解决。

• Muehlewbeckia complera
（拉丁名）

千叶吊兰

★科属：蓼科、千叶兰属

★别名：千叶草、千叶兰

★花期：无花期

生长特征

千叶吊兰为多年生常绿灌木。其株形比较饱满，茎叶细长，叶互生，叶片形状为心形或椭圆形。花很小，浅绿色，整个植株匍匐丛生或呈悬垂状生长，覆盖整个花盆，看上去像是一个大绿球。

养护管理

浇水：春、秋两季可2～3天浇水1次；夏季由于天气较炎热，必须每天浇水1次；冬天可适当控制浇水，盆土不宜太湿，以偏干些为宜。

施肥：千叶吊兰较喜肥，可在栽种前或换盆时施基肥，生长期每2周施1次以氮肥为主的饼肥水，冬季每月施1次液肥。

光照：喜半阴环境，不可在强光下暴晒，除春、夏、秋三季需遮去50%～70%的阳光外，也可以放在室内通风良好的散光处。冬天则可放在室内阳光充足的地方。

介质：喜疏松肥沃、排水良好的沙质土壤。

病虫害：水肥或光照不当易导致叶黄；如有介壳虫可用40%氧化乐果乳油1000倍液喷雾来防治。

繁殖：千叶吊兰的繁殖可以在换盆时将过密的根状茎分割，然后另行上盆栽培。

修剪：为了保持株形饱满，在开始发芽时要对植株进行1次修剪，剪去过长、过密的枝条和部分老枝。

布置应用

千叶吊兰可摆放于书房或客厅中，小株盆栽可放置于几案或窗台上，能起到装饰作用。

Q 为什么千叶吊兰叶片会发黄？

A 千叶吊兰叶片发黄的原因很多，首先要想到是不是缺水造成的，如果不是，可能是施肥不足导致的营养不良而引起叶片发黄。另外，阳光太强会使叶尖发焦而变得枯黄，但是冬季光照不足，叶子也是会变黄的。还有一种可能就是因为盆底积水太多，导致根茎腐烂致使叶片发黄。

• Sedum spathulifolium
（英文名）

王玉珠帘

★科属：景天科、景天属

★别名：串珠草

★花期：2～3月

生长特征

王玉珠帘为多年生肉质植物。叶子近圆形，浅绿色，顶端钝圆，呈串珠状排列，没有茎，分枝直接从基部抽出，匍匐或下垂。顶生伞房状花序，花为深紫红色。

养护管理

浇水：王玉珠帘比较耐旱，怕积水，春、秋两季可1周浇水1次，夏季也不宜多浇水；冬季要控制浇水，一般每月浇1～2次即可。

施肥：宜少不宜多，生长期每月施1次腐熟的饼肥水或几粒复合肥即可。

光照：喜光，春、秋季可长期放置于东、南向的窗台上，冬季可直接放在阳光充足处，夏季则要遮光。最佳的生长温度是15℃～25℃，冬季不能低于7℃，否则植株会被冻坏，影响观赏价值，最好能保持在10℃～12℃。

介质：适合排水良好的沙壤土。

病虫害：一般很少受病虫害侵袭，但是如果所处环境通风不畅，或者天气炎热，可能会发生介壳虫危害，可用40%氧化乐果1000倍液喷杀。

繁殖：王玉珠帘一般采用扦插法进行繁殖。扦插时，可将叶子或枝采下来插进基质中，气温保持在20℃，半个月左右即可生根。

修剪：一般不会有杂枝生出，所以不用修剪。

布置应用

王玉珠帘形态优雅、精致，可用珠圆玉润来形容，可以摆放于书房或者卧室中。

养护问答

Q 王玉珠帘叶子爱脱落是怎么回事？

A 其实，王玉珠帘本身叶子就很容易脱落，基本上是一碰即掉，如果不是这种原因，那就要看看是不是光照的原因了。如果将植株长期放置于阴暗处或者不接受阳光照射，其茎叶就很容易徒长，从而容易脱落，所以只要不是夏季，其他季节都应该注意让其适当接受阳光的照射。

• Narcissus（英文名）

水 仙

★科属：石蒜科、水仙属

★别名：天葱、雅蒜

★花期：3～4月

生长特征

水仙为多年生草本植物。地下部分的鳞茎肥大似洋葱，卵形至广卵状球形，外被棕褐色皮膜。叶呈狭长带状，二列状着生。花具有单瓣型和重瓣型，皆为白色，单瓣的花朵中心有一金黄色环状副冠，重瓣的则卷成一簇。

养护管理

浇水： 水仙喜水湿，每1～2天浇1次水即可。

施肥： 一般不用施肥，因为球茎已储备了足够的养分。不过可以在水中加入0.05%～0.1%的稀薄化肥，这样可以使花开得更好，花期更长。

光照： 水仙喜阳光和温暖的环境，每天不得少于6小时的光照，特别是生长期更要有充足的阳光。

介质： 以富含腐殖质、疏松、膨软、保水保肥性好的中性或微酸性的土壤为佳。

病虫害： 水仙球挖掘时若未及时晾干，易发生青霉病和曲霉病，可用0.5%的福尔马林液来处理鳞茎，消毒半小时，洗净后晾干即可。出现褐斑病的症状是干叶尖、褐色、叶片扭曲，要避免积水、连作和施氮肥。

繁殖： 水仙分种子繁殖和分球栽植两种，一般以分球栽植为主。

修剪： 除了纵横割出十字纹进行水养和专门的雕刻以外，平时则不用修剪。

布置应用

水仙除了作为观赏花卉摆放在客厅、书房中做装饰外，还具有清除空气中二氧化硫、二氧化碳的作用。

养护问答

Q 水仙花有毒吗？

A 水仙花分株都是有毒的，水仙花的鳞茎包内含有拉丁可毒素，误食之后会引起呕吐和腹泻等症状，叶和花的汁液可使皮肤红肿，如果误入眼内会导致失明。因此，在养殖过程中要特别注意。不过，水仙花的香味是没有毒的，所以，只要做到尽量不去接触或者接触后及时洗手，而且不误食就可以了。

• *Kniphofia uvaria*（拉丁名）

火炬花

★科属：百合科、火炬花属

★别名：火把莲、红火棒

★花期：5～7月

生长特征

火炬花叶子成线形，在基部丛生，根茎比较短，肉质。筒状花序呈火炬形，花色主要有黄色、橙红色、红色等。

养护管理

浇水：栽种后要及时进行浇水，生长期浇水掌握见干见湿的原则即可。入冬前要浇足越冬水。

施肥：花茎出现后，每隔7～10天施1次浓度为1%的磷酸二氢钾，也可以施1%～2%浓度的过磷酸钙，以此作为追肥可增强花茎的坚硬度，防止弯曲。

光照：喜光，最好在25℃～28℃又有充足阳光的环境中养殖。

介质：对土壤要求不严，但以富含腐殖质、排水性良好的黏质壤土为宜。

病虫害：病害主要有锈病，危害叶片和花茎，发病初期用石灰硫磺合剂或25%萎锈灵乳油400倍液防治。花期容易被金龟子咬食花朵，可以用0.2%氧化乐果喷洒。

繁殖：火炬花主要通过分株法进行繁殖，分株多在秋天进行。在秋季花期过后，先挖起整个母株，由根茎处每2～3个蘖芽切下分为一株进行栽植，至少要带2～3条根，只需定植后，浇水即可。

修剪：花谢后应尽早剪除残花枝，而不使其结果，以免分去养分。

布置应用

盆栽火炬花或者切花都可以放置于客厅、书房等处作为装饰。

养护问答

Q 火炬花是否需要进行分栽？

A 火炬花要注意分栽，并不是说一开始就要分栽。火炬花属浅根性花卉，根系呈肉质，根毛少，栽植时间一久，根系会密集丛生，这样势必会导致根系的吸收能力下降。每过2～3年就要重新分栽1次，这样才能促进新根的生长，从而提高根系的吸收能力。分栽的最佳时间为9月下旬至10月上旬。

• Barbadoslily（英文名）

朱顶红

★科属：石蒜科、朱顶红属

★别名：百枝莲、朱顶兰、对红

★花期：春、夏、秋三季皆可开花

生长特征

朱顶红为多年生草本植物，鳞茎为球形状，稍显肥大，黄褐色或淡绿色，叶片两侧对生，带状，前端稍尖。总花梗中空，被有白粉，顶端着花2～6朵，花为喇叭形，花朵硕大，有白、淡红、大红、玫红、橙红等色。

养护管理

浇水：在生长期，可适当浇水，但盆内不可有积水，否则鳞茎会有腐烂的可能。花期过后，宜逐渐减少浇水量，保持盆土见干见湿即可。

施肥：朱顶红特别喜肥，可在叶片长到5～6厘米时每半个月施1次腐熟的饼肥水，花期过后改为每20天左右施肥1次肥水。

光照：朱顶红适宜在半阴的环境中生长，可在冬天搬出室外放置于背风向阳处养护；盛夏季节则要放在通风良好的阴蔽环境中养护，不可让阳光直射。

介质：适宜在肥沃且排水良好的土壤生长。

病虫害：朱顶红的主要病害多为叶枯病，可在发病初期用50%的退菌特1000倍液喷洒，也可喷洒65%的代森锌800～1000倍液来防治。虫害主要有菊天牛和糠片盾蚧等，可用敌百虫或杀螟松500～800倍液进行防治。

繁殖：朱顶红主要通过分割鳞茎来繁殖，播种繁殖所需的时间较长，要3年才能开花，所以一般不用。

修剪：要及时在花期后剪掉花茎和残叶，否则会消耗鳞茎养分。

布置应用

朱顶红可放置于客厅、书房等处做装饰。

养护问答

Q 怎样才能使朱顶红提前开花？

A 通常情况下，朱顶红的花期在4～6月份，如果想要朱顶红提前开花，就需要采取促成栽培的方法。具体的栽培方法就是在12月份将原花盆内的大鳞茎取出重新上盆，浇透水，放在20℃左右的室内，并且要保持盆土及周围的湿润。同时，还要施1～2次磷肥为主的液肥，大约2个月便可开花。

Part6

第六章

居家花草有妙用

绿色植物有着美丽的形态、鲜嫩的颜色和勃勃的生机，利用绿色植物进行居室绿化及装饰已成为一种时尚。它们不但可以点缀居室、美化环境、陶冶性情，还有一些你意想不到的用途。如有些花草可以吸收二氧化碳，放出氧气；有些花草能吸收空气中的二氧化硫、氮氧化物、甲醛、氯化氢等；有些花草能吸附放射性物质等……只有深入了解花草的个性，才能更好地发挥花草的妙用。

• Cattleya hybrid（拉丁名）

卡特兰

★科属：兰花科、卡特兰属

★别名：卡特利亚兰

★花期：四季

生长特征

卡特兰叶子较厚实且硬挺，中间的脉络为沟状。花朵着生于假鳞茎的顶端，有单朵或数朵，大而鲜艳，颜色有白色、红紫色、黄色、绿色等。

养护管理

浇水：春、夏、秋三季为卡特兰生长的旺盛时期，除每2～3天浇1次水外，还要经常向叶面及花盆周围的地面洒水，以提高空气湿度。

施肥：生长旺季可每隔10～14天施1次充分腐熟的极稀薄饼肥水。

光照：宜放在半阴环境下养护，以遮去60%的阳光为宜。

介质：喜排水、透气性良好的土壤。

病虫害：病害主要有炭疽病，可1个月喷洒有机硫磺杀菌剂1～2次。虫害主要有介壳虫，幼虫、若虫可用乐果1000倍液喷1次，成虫用灭蚧灵喷2次；红蜘蛛、螨类主要危害叶片，可用三氯杀螨醇800～1000倍液进行喷杀。

繁殖：卡特兰的繁育主要采用分株法。在3月份，新芽刚萌发或开花后将基部鳞茎切开，每丛至少有2～3个假鳞茎生出，并带有新芽。将鳞茎进行移栽，并放在半阴、潮湿、温暖处即可。

养护问答

Q 卡特兰花瓣上出现细小的褐色斑点，是得了什么病？怎么办？

A 这种情况多是卡特兰得了花腐病。在防治时，在开花期间适当降低开花环境的湿度，喷水时切忌将水洒到花瓣上。如果外界温度很低时，则要特别注意通风换气，以预防温室内的倒汗水滴到花瓣上。如果采用药物防治时，可用百菌清或多菌灵喷洒来防治。

• Cymbidium（拉丁名）

兰 草

★科属：兰科、兰属

★别名：兰花

★花期：2～3月

生长特征

兰草为多年生草本植物。其根肉质肥大，无根毛，有共生菌。具有假鳞茎，俗称芦头，外包有叶鞘，假鳞茎常多个连在一起，成排生长。叶线形或剑形，革质，直立或下垂。花单生或成总状花序，花梗上着生有很多数苞片，具芳香。

养护管理

浇水：给兰草浇水要遵循灌、洒、浸三原则。灌就是用水壶从根部给兰草浇水；洒是用喷壶自上而下往兰草身上淋，但注意不要淋到花心，以免导致烂心；浸就是将兰草连盆带花整个浸在水盆里，让根部充分吸收水分。

施肥：兰草生长期可根外追施叶面肥。给兰草施肥总的要求为量少、稀淡，真正做到薄肥勤施。

光照：兰草耐阴，不喜强光，要遮阴种植。

介质：培植土要偏酸性，并要求有较好的透气性。

病虫害：常见虫害为介壳虫。病害为拜拉丝软腐病（烂球菌病），它是兰草中的绝症，无法根治，一旦发现要及时清除病株。

繁殖：分株繁殖法。

修剪：兰草种植一定时间后，就会长出新芽，待新芽开叶后，就要对原有的叶片进行修剪。修剪时，将带病、不完整的叶子全部剪除，留下完好兰叶及新芽。

布置应用

兰草除了特别适合室内种植可供观赏外，还能够净化空气，具有杀毒的作用。

养护问答

Q 为什么兰草只有一边生长茂盛？

A 兰草虽然是喜阴的植物，但对光照也极为敏感。如果将兰草放在一面向阳、一面背阴的地方，向阳的部分就会生长得相对茂盛，背阴的兰草就会出现“一边倒”的现象。因此，应当隔段时间便将兰草转动一下，让处于阴凉处的兰草多受点儿阳光照射，这样养护出来的兰草花形就会均匀好看些。

• Violet（英文名）

紫罗兰

★科属：十字花科、紫罗兰属

★别名：草桂花、四桃克、草紫罗兰

★花期：3～5月

生长特征

紫罗兰为多年生草本植物，可在秋季播种，第二年的春季开花，其花株高30～50厘米，茎直立，多分枝，根梢木质化。全株被有灰色星状柔毛。叶面较宽大，呈长椭圆形或倒披针形，顶端圆钝。总状花序顶生和腋生，花梗稍显粗壮，花有紫红、淡红、淡黄、白等颜色，单瓣花可结籽，重瓣花不可结籽。

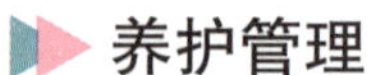

养护管理

浇水： 紫罗兰定植后要浇透水。在生长前期，应让土壤处于微潮偏干状态，最好3～4天浇1次水。紫罗兰还应根据气温调节浇水量，如气温越低时，浇水应越少。气温升高后，应加大浇水量，否则植株会长得较矮。

施肥： 栽植紫罗兰时，应施足基肥。当植株孕蕾后，可追施0.1%～0.2%磷酸二氢钾溶液，每周1次。平时施肥的量不要太多，要薄肥勤施。

光照： 适合明亮的日照环境，稍荫蔽处亦可生长。

介质： 土壤以疏松肥沃、排水良好的沙质土为宜。

病虫害： 紫罗兰主要病害有紫罗兰枯萎病、紫罗兰黄萎病、紫罗兰白锈病及紫罗兰花叶病。可选用高锰酸钾、代森锌等药防治。虫害主要是蚜虫，积聚在叶、嫩芽及花蕾上，可选用乐果等药进行防治。

繁殖： 紫罗兰主要是播种繁殖。多在2～5月播种。

布置应用

紫罗兰的香味具有杀菌、除臭的作用，可用于保持空气清新等。

养护问答

Q 紫罗兰的品种有哪些？花色有几种？

A 紫罗兰依花瓣的类型分为单瓣和重瓣两种。单瓣系能结种。重瓣系观赏价值高；依花期不同分为夏紫罗兰、秋紫罗兰及冬紫罗兰等品种；依栽培习性不同分一年生及二年生等类型。依植株高低可分为高、中、矮三类。紫罗兰的花有粉红、深红、浅紫、深紫、纯白、淡黄、鲜黄、蓝紫等颜色。

• Umbrella tree（英文名）

鸭掌木

★科属：五加科、鹅掌柴属

★别名：鹅掌柴、小叶手树

★花期：冬、春两季

生长特征

鸭掌木为常绿乔木或灌木。高2～5米，小枝幼时密被星状毛，叶为掌状复叶，似鸭掌，叶柄上生有6～9片小叶，革质，深绿色，有光泽。伞状花序，总状排列，全缘呈长圆披针形，生二枝顶；花小，绿白色，后变为淡桃色、白色，有香气，伞状花序组成大型圆锥花序，花后结圆球形果。

养护管理

浇水：夏季以湿为主，每天浇水1次；春秋两季则每隔3～4天浇水1次，冬季以干为主。

施肥：主要是4～10月份，每半月施一次稀薄肥。

光照：鸭掌木喜半阴，忌太阳晒，尤其在夏季更要注意及时进行遮荫。

介质：培植土要偏酸性，并要有较好的透气性。另外，每年春季新芽萌发之前应换盆，去掉部分旧土，用新土盆栽。如果多年生老株在室内栽培显得过于庞大时，可考虑换盆并进行修剪。

病虫害：虫害主要有介壳虫危害。另外，红蜘蛛、蓟马和潜叶蛾等也是主要的虫害。病害主要包括圆斑病、叶枯病、白粉病等。

繁殖：主要采用扦插繁殖或播种繁殖两种方法。

修剪：可适当进行整形修剪。

布置应用

宜放于室内盆栽养殖。可以有效清除室内的甲醛和烟味，为居室带来新鲜空气。其根茎可入药。

养护问答

Q 鸭掌木如何扦插繁殖？

A 鸭掌木的繁殖主要以扦插繁殖为主，扦插时应选择在春季新梢生长前，剪取一根长8～10厘米的1年生枝条作为插穗，去掉下部叶片，保留顶端1～2层叶，将插穗下端剪成马蹄形。再用河沙或蛭石做成苗床，将插穗插入苗床2/3之中，用塑料薄膜覆盖，并保持水分充足，温度可控制在25℃左右，4～6周便可生根栽植。

• Yellow coconut（英文名）

散尾葵

★科属：棕榈科、散尾葵属

★别名：黄椰子

★花期：3～4月

生长特征

散尾葵为丛生常绿灌木或小乔木，喜温暖湿润、半阴且通风良好的环境，不耐寒，较耐阴，畏烈日，适宜生长在疏松、排水性良好、富含腐殖质的土壤中，越冬最低温度要在10℃以上。在原产地可高达8米。茎干光滑无毛刺，上有明显叶痕，呈环纹状，基部多分蘖，呈丛生状生长。叶面光滑，细长，羽状复叶，亮绿色，长40～150厘米。小叶及叶柄稍弯曲，先端柔软。小羽片披针形，长20～25厘米，左右两侧不对称，叶轴中部有隆起。

养护管理

浇水：散尾葵在生长期间，需要供给充足的水分。盆土长期偏干时，植物由于得不到生长所需要的充足水分，叶尖及叶缘便会干焦。夏秋高温期，还要经常保持植株周围较高的空气湿度，但切忌盆土积水，以免引起烂根。

施肥：一般每1～2周施1次腐熟液肥或复合肥，以促进植株旺盛生长、叶色浓绿，秋、冬季节可少施肥或不施肥，同时保持盆土较干状态。

光照：散尾葵喜半阴，春、夏、秋三季应遮阳50%。在室内栽培观赏宜置于较强散射光处；它也适应较阴暗的环境，但要定期移至室外光线较好处养护，才有利恢复，并能保持较高的观赏价值。

介质：培植土要偏酸性，并要求较好的透气性。

病虫害：红蜘蛛和介壳虫。

繁殖：可采用播种繁殖法和分株法繁殖。

修剪：经常修剪枯叶，保证其冠形美观。

养护问答

Q 散尾葵对于温度的适应度如何？

A 散尾葵是一种原产于热带地区的观赏植物，它最适宜的生长温度为18℃～30℃。一般情况下，春、夏两季是散尾竹的生长旺季，即使当温度高达35℃以上时也能忍受。相反在冬季，如果温度低于10℃，散尾葵就会出现生长缓慢或停止生长的情况。一旦温度低于5℃，它就可能会被冻死。

• Camellia japonica（拉丁名）

茶花

★科属：山茶科，山茶属

★别名：山茶、海石榴

★花期：冬、春两季

生长特征

茶花为常绿灌木或小乔木。花瓣呈碗形，单瓣或重瓣。花色有粉红、深红、玫瑰红、紫、淡紫、白、黄色、斑纹等色，花期为冬、春两季，较耐寒。

养护管理

浇水：茶花平常要用中性或偏酸性的地表水浇灌，浇水要按见干见湿、干了再浇、浇要浇透的原则，但要注意不能过干。

施肥：茶花不要经常上肥，每年只要春、秋两季施7～8次肥即可。最好是腐熟的豆饼或菜籽饼，稀释后浇在根部即可。夏、冬两季不用上肥。平常施肥可用熟饼肥、复合肥，也可用0.1%尿素加0.1%磷酸二氢钾，每10～20天1次，以上肥料要轮换使用。

光照：茶花忌烈日，喜半阴，因而炎热的夏季，应予以遮阴、喷水、通风等，若温度超过35℃，则易出现日灼，叶片枯萎、翻卷、生长不良等情况。

介质：培植土要偏酸性，并要有较好的透气性。可用泥炭、腐锯木、红土、腐殖土或它们的混合基质来栽培。

病虫害：茶花主要病害有轮纹病、炭疽病、枯梢病、叶斑病、烟煤病等。虫害主要有红蜘蛛、蚜虫、介壳虫、卷叶蛾、造桥虫等。

繁殖：茶花适宜采用“扦插+嫁接”法繁殖，其法繁殖出来的苗木具有生长快、开花早、繁殖系数高、遗传性状保持完好等特点，对一些扦插繁殖困难的珍稀、名贵茶花品种意义更大。

修剪：茶花修剪一般于7月中旬进行，剪去过密枝、交叉枝、病虫枝及重叠枝，以利于株形美观。

养护问答

Q 如何对茶花进行花期控制？

A 如果对茶花进行花期控制，就要考虑从品种的选择、温度的控制及激素的处理等方面入手。可在7月中旬或8月初用毛笔蘸0.1%的赤霉素，点涂于花蕾上，每3天涂1次，肥水则正常管理。9月根据花蕾的生长情况决定是否涂花营，如果生长情况没有达到预期，可增加涂蕾次数，增加肥水量，以促进花蕾迅速生长。

专题1 常见的居室污染源及危害有哪些

室内常见的污染源

室内污染是指室内某种物品能够释放出有害物质，而使人体产生不适的现象。

室内污染物按其性质可分为非生物污染与生物及微生物污染两类。非生物污染物又包含了很多种污染物，可以将其分为化学污染物和物理污染物等。化学污染物由建筑材料、装饰材料、家用化学品、香烟雾以及燃烧产物等产生。而物理污染物主要是指由室内外地基、建筑材料所产生的放射性污染和室内外的噪声、室内家电设备的磁辐射等。除此以外，室内还存在着粉尘和可吸入颗粒物等污染物。生物及微生物污染指由生活垃圾、空调、宠物、地毯、家具等产生的污染，包括细菌、病毒、尘螨等。

室内污染气体是室内环境污染的主体，室内环境中的污染气体可以引起各种刺激症状和过敏反应，即建筑物综合征、建筑物关联症和多元物质过敏症，主要表现为呼吸系统症状和眼部刺激症状等，过敏反应有过敏性肺炎、过敏性鼻炎、哮喘等；还会影响免疫功能和神经系统；并且有致突变性和致癌性，不少挥发性有机物气体都与癌症存在着一定关联。

目前对人类身体健康危害最大的就是装修污染及辐射，如甲醛、苯、氨气、氡以及电器辐射等。这些污染虽然看不到、摸不着，但长期处于这种环境中，会给我们的身体带来极大的损害。植物对空气中的污染源具有吸附作用，它们能够将毒气吸走，再释放出清新的氧气，甚至有些植物还具有除臭、保湿的作用。为了创造一个舒适、安全的绿色空间，可以在家中养一些绿色植物，既美化环境，又有益于人体健康。

电磁辐射

性状

看不到、摸不着，却在我们身边大量存在。

来源

家中的电器日渐增多，辐射也跟着大件小件的家电进入了居室，无论是电脑、电视、音响还是微波炉、浴霸，就连小小的鼠标都带有大量的电磁辐射。

危害

长期处于电磁辐射之下，会使人体生殖系统、神经系统和免疫系统受到直接伤害，更是心血管疾病、糖尿病、癌突变的潜在诱因和造成孕妇流产、不孕、畸胎等病变的诱发因素，并可直接影响未成年人的身体组织与骨骼的发育，引起视力、记忆力下降和肝脏造血功能下降，严重时可导致视网膜脱落。

有效植物

金边虎皮兰、仙人掌等。

甲醛

性状

甲醛是为无色易溶的刺激性气体，原浆毒物，能与蛋白质结合，可经呼吸道被人体吸收，其水溶液福尔马林可经消化道被人体吸收。

来源

各种人造板材（刨花板、纤维板、胶合板等）由于使用了黏合剂，因而可能含有甲醛。新式家具的制作，墙面、地面的装饰铺设，都会使用黏合剂。凡是大量使用黏合剂的地方，总会有甲醛释放。此外，某些化纤地毯、油漆涂料也含有一定量的甲醛；甲醛还有可能来自化妆品、清洁剂、杀虫剂、消毒剂、防腐剂、印刷油墨、纸张、纺织纤维等化工、轻工产品。

危害

人体长期接触低剂量甲醛可引起慢性呼吸道疾病、女性月经紊乱、妊娠综合征，还能引起新生儿体质降低、染色体异常，甚至引起鼻咽癌。高浓度甲醛对神经系统、免疫系统、肝脏等都有毒害。甲醛还有致畸、致癌作用。长期接触甲醛的人，可能会引起鼻腔、口腔、鼻咽、咽喉、皮肤和消化道的癌症。皮肤直接接触甲醛者可引起皮炎、色斑、坏死等。经常吸入少量甲醛者可能引起慢性中毒，出现黏膜充血、皮肤刺激症、过敏性皮炎、指甲角化和脆弱、甲床指端疼痛等。全身症状有头痛、乏力、胃纳差、心悸、失眠、体重减轻及植物神经紊乱等。

有效植物

香蜂草、吊兰、虎皮兰、箭叶芋、白鹤芋、芦荟、波斯顿蕨等。

苯

性状

苯是一种无色且带有特殊香味的有毒气体，这种气体不溶于水，但能与醇、醚、丙酮和四氯化碳互溶。苯容易挥发、易燃，其蒸气还具有一定的爆炸性，危险性较高。

来源

苯主要来自建筑装饰中大量使用的化工原料，如涂料、木器漆、胶黏剂及各种有机溶剂。在涂料的成膜和固化过程中，其中所含有的甲醛、苯类等可挥发成分会从涂料中释放出来，造成污染。

危害

人若经常接触苯，皮肤就会因脱脂而干燥和脱屑，有的则会出现过敏性湿疹。长期吸入苯能导致再生障碍性贫血。它能够破坏人体的循环系统和造血机能，从而导致白血病。妊娠期妇女长期吸入苯会导致胎儿发育畸形和流产。另外，苯还是强烈的致癌物质。苯还可导致神经衰弱和月经量增多、经期延长。

有效植物

香蜂草、绿宝石、白鹤芋、菊花、铁树、生长藤等。

氡（放射性污染）

性状

氡是一种无色、无味、无法察觉的惰性气体。氡的α射线可致癌，是WHO（世界卫生组织）认定的19种致癌因素中的一种，仅次于吸烟。

来源

建筑材料中的放射性物质，包括墙体、楼板、地板等房屋主体结构的建材（沙土、碎石、砖块、水泥构件等）和房屋装饰材料（瓷砖、地面砖、花岗岩地板、大理石饰面、石膏板等）。

危害

氡是一种放射性的惰性气体，氡及其气体随空气进入人体，或附着于气管黏膜及肺部表面，或溶入体液进入细胞组织，形成体内辐射。氡的α射线对人体损伤最大，可使呼吸系统上皮细胞受到辐射。长期的体内照射可能引起局部组织损伤，甚至诱发肺癌和支气管癌等。氡及其子体在衰变时还会同时放出穿透力极强的γ射线，对人体造成体外照射。若长期生活在含氡量高的环境里，就可能对人的血液循环系统造成危害，如白细胞和血小板减少，严重时还会导致白血病。专家提醒，氡是除吸烟以外的第二大致癌因素！

有效植物

香蜂草、金边虎皮兰、绿萝等。

细数室内的常见异味

霉味

雨季时空气比较潮湿，家具、衣物、食物等很容易受潮，室内容易滋生潮气和霉味。

烟味

烟味是家中最常见的有害气体。长期在室内吸烟，或长时间吸二手烟对对身体会造成极大危害。

厨房异味

厨房是最容易出现异味的地方，如做饭的油烟味以及残留食物产生的腐败味。

煤烟味

燃用煤炉所产生的浓烈的煤烟味。

垃圾桶异味

堆积了一天垃圾的垃圾桶很容易散发出难闻的腐臭味，对人体造成一定损害，尤其是夏天，气味更难驱散。

卫生间臭味

总是处于潮湿状态的卫生间很容易出现霉味。潮湿的天气里，马桶也会散发出异味。

家中异味排除小方法一览表

异味名	排除方法
霉味	◎放一块肥皂，霉味即除。 ◎晒干的茶叶渣装入纱布袋，分放各处也可去除霉味。
烟味	◎可用蘸了醋的纱布在室内挥动去除。 ◎点支蜡烛，烟味即除。
厨房异味	在锅中放少许食醋加热蒸发即除。
油漆味	◎在室内放两盆冷盐水，一至两天漆味便除。 ◎将洋葱浸泡盆中也可去除。
煤油烟味	在煤油中或蜂窝煤上加几滴醋，即可减少烟味。
炖肉异味	在锅中加上橘皮，可除去异味。
鱼腥味	放一些用过的温茶叶，鱼腥味就会消失。
豆腐酸味	可用5%的苏打溶液浸泡半小时，冲净，酸味即除。
花肥臭味	可将新鲜橘皮切碎掺入液肥中一起浇灌，臭味即可消除。
垃圾桶臭味	可将废报纸点燃后迅速放进去，即除臭味。
卫生间臭味	◎可将清凉油或风油精开盖后放于卫生间角落处，恶臭自然消失。 ◎放置一小杯香醋，恶臭也会自然消失。

专题2 常见净化居室环境的植物一览表

名称	科属	适宜空间	功效
香蜂草	草本植物	客厅、卧室、卫生间、厨房	香蜂草是最新培育的能净化室内空气的一种功能性植物，根据检测报告，香蜂草对室内装饰材料释放出来的有害气体有很强的吸收作用，如甲醛、苯、氨气、二氧化硫、一氧化碳、二氧化碳以及烟味、异味等。
金边虎皮兰	龙舌兰科虎尾兰属	客厅、卧室、书房	金边虎皮兰是一种能净化室内环境的观叶植物。在吸收二氧化碳的同时能释放出氧气，使室内空气中的负离子浓度增加。金边虎皮兰的肉质茎上的气孔白天关闭，晚上打开，以此释放负离子。
吊兰	百合科吊兰属	书房、客厅	吊兰能在新陈代谢中将甲醛转化成糖或氨基酸等物质，也可以分解由复印机、打印机排放出的苯，并且还可以吸收尼古丁，具有极强的空气净化功能，有“绿色净化器”之美称。
绿萝	天南星科喜林芋属	厨房	绿萝是对付厨房油烟的高手。生活中常会遇到的清洁洗涤剂的气味及准备饭菜时制造出来的油烟等，都对人体有害。我们只要在厨房中摆放一盆绿萝，它便会张开气孔，将厨房内大部分有害气体吸走。
箭叶芋	天南星科合果芋属	客厅、卧室、书房	箭叶芋的叶子宽大、茂盛，可以提高室内空气湿度，并能吸收大量的甲醛和氨气。箭叶芋的叶子越多，其加湿和净化空气的能力也就越强。

（续表）

名称	科属	适宜空间	功效
白鹤芋	天南星科苞叶芋属	客厅、卧室、书房	白鹤芋是过滤室内废气的能手，对氨气、丙酮、苯和甲醛都有一定的吸收能力。
美人蕉	美人蕉科美人蕉属	客厅、卧室、书房	美人蕉对二氧化硫有很强的吸收性能
石榴	石榴科	客厅、卧室、书房	石榴能降低空气中的铅含量。
冰雪常春藤	五加科常春藤属	客厅、卧室、书房	冰雪常春藤是吸收二氧化碳、制造新鲜空气的能手，可以有效地提高室内的空气质量。
海桐	海桐花科海桐花属	客厅、卧室、书房	海桐能吸收化学烟雾，还能防尘隔音。
石竹	石竹科石竹属	客厅、卧室、书房	石竹有吸收二氧化硫和氯化物的本领，凡有类似气体的地方均可以种植石竹。
月季	蔷薇科	客厅、卧室	月季能够吸收硫化氢、氟化氢、苯酚、乙醚等有害气体，减少这些气体带来的污染。
蔷薇	蔷薇科蔷薇属	客厅、卧室	蔷薇能降低空气中的铅含量。
万年青	百合科	客厅、卧室、书房	万年青可除去三氟乙烯的污染。
波斯顿蕨	肾蕨科肾蕨属	客厅、书房	波斯顿蕨每小时能吸收大约20微克的甲醛，因此被认为是最有效的生物“净化器”。它能够吸收油漆味、涂料味和香烟味，还可以抑制电脑显示器和打印机中释放的电脑污染。
菊花	菊科	客厅	菊花可吸收苯及其他污染物。
铁树	苏铁科	客厅、书房	铁树可吸收苯及其他污染物。
雏菊	菊科雏菊属	客厅、卧室、书房	雏菊可除去三氟乙烯的污染。

专题3 简单易行的测污能手

试纸比色法

试纸比色法的特点是操作简便、快速，测定范围广，适合大众使用，但它的测定误差较大。

试纸比色法的具体方法：将被测空气通过用试剂浸泡过的滤纸，有害物质与试剂在纸上发生化学反应，产生颜色变化；或者先将被测空气通过未浸泡试剂的滤纸，使有害物质吸附或阻留在滤纸上，然后向纸上滴加试剂，产生颜色变化，根据产生的颜色深度与标准比色板比较，进行定量。

一般情况下，前者多适用于能与试剂迅速起反应的气体或蒸汽态有害物质；后者适用于气溶胶的测定，允许有一定的反应时间。

植物监测法

花草树木既可以美化环境，还能监测空气污染状况。

一般情况下，能监测空气的植物主要有两类。一类叫做生物显示植物，这类植物对污染物非常敏感，能够显示所受污染的状况和程度。另一类叫做生物积蓄植物，例如杨树和柳树等。这些植物由于一些特殊的生理结构，其叶片能将污染物保持很长时间。通过分析它们叶片上的污染物，可以了解该污染物的性质和污染的相对程度。据说世界上有300多种植物可以进行大气污染监测。

当然，这种方法有其局限性，例如因气候或植物生长季节等原因不能保证常年使用，而且病虫害会对植物造成干扰。

气体速测管法——填充管型

有毒气体检测管是一种内部填充有化学试剂显色指示粉的小玻璃管，而指示粉为吸附有化学试剂的多孔固体细颗粒，每种化学试剂通常只对一种化合物或一组化合物有效。

当被测空气通过检测管时，空气中含有的欲测有毒气体便和管内的指示粉发生化学反应，并显示出颜色。管壁上标有刻度，根据变色部位所示的刻度值就可以定量或半定量地读出污染物的浓度值。

自测 室内污染自测问答

1．家庭成员经常容易患感冒。

A．是（2分）　B．偶尔（1分）

C．否（0分）

2．不吸烟，也很少接触吸烟环境，但经常感到嗓子不舒服、有异物、呼吸不畅。

A．是（2分）　B．偶尔（1分）

C．否（0分）

3．每天清晨起床时，会感到憋闷、恶心，甚至头晕目眩。

A．是（2分）　B．偶尔（1分）

C．否（0分）

4．家里人常有皮肤过敏等毛病，而且是群发性的。

A．是（2分）　B．偶尔（1分）

C．否（0分）

5．家里人都共有一种疾病，而且离开这个环境后，症状就有明显变化和好转。

A．是（2分）　B．偶尔（1分）

C．否（0分）

6．孕妇在正常情况下，发现胎儿畸形。

A．是（2分）　B．偶尔（1分）

C．否（0分）

7．新婚夫妇长时间不孕，查不出原因。

A．是（2分）　B．偶尔（1分）

C．否（0分）

8．新装修的家或者新买的家具刺鼻、刺眼，有刺激性异味，而且超过一年气味仍然不散。

A．是（2分）　B．偶尔（1分）

C．否（0分）

自测结果：

4分及以下：恭喜你，你的居住环境是安全的。

5～11分：居家环境中可能存在一定的污染，请及时采取相应的去污、减污等措施。

12分以上：居家环境受污染的可能性非常大。

专家提醒：

如果初步判断室内存在污染，应立即找专业机构先行检测，先确定室内空气污染状况和主要污染物，再根据检测结果来选择相应的去污方法。

•Japan fatsia（英文名）

八角金盘

★科属：五加科、八角金盘属

★别名：手树、八手、八金盘

★花期：9～11月

生长特征

八角金盘为常绿型灌木，植株高达3～5米，茎光滑无刺。叶片较大，革质，有裂片，边缘有锯齿或呈波状，叶柄较长，叶面上泛有光泽。伞形花序，集生成顶生圆锥花序，花白色。

养护管理

浇水：生长期要多浇水，其余时间浇水要干湿相间。在高温干燥的夏季，应每天开窗通风降温，并向叶面喷水增加湿度。

施肥：在生长期间，要每个月施1～2次稀薄液肥或复合化肥，而夏季则应停止施加肥料。

光照：八角金盘既怕严寒又惧酷热，因此适宜常年放置在具有明亮散射光线的室内培养。

介质：适宜在疏松肥沃、湿润且排水性良好的腐殖质壤土中生长。

病虫害：八角金盘的主要病害主要有煤污病、叶斑病及黄化病，可用50%多菌灵进行防治；虫害主要有蚜虫、介壳虫及红蜘蛛等，可2.5%敌杀死等药进行防治。

繁殖：八角金盘以扦插繁殖为主，也可用播种法或分株法繁殖。除夏季外，皆可进行扦插种植。

修剪：变黄的叶片应全部剪除。

养护问答

Q 八角金盘不长新叶怎么办？

A 如果八角金盘一片新叶也不长，而且枝叶有点儿无精打采地垂着，可能是因为换土、浇水、温度及湿度等方面出现了问题，就需要加强这些方面的管理。如果八角金盘叶子发蔫，却又未见枝叶有枯黄之相，那么多半是因为没有适时换盆换土，因为其根系比较发达，不换则会影响其生长。

Underleaf pearl（英文名）

珍珠草

★科属：大戟科、叶下珠属

★别名：大果叶下珠、阴阳草、夜合草

★花期：7～8月

生长特征

珍珠草属于落叶灌木，高可达3米，主茎直立，分枝倾卧而后斜向上，小枝光滑；叶为互生，呈椭圆形或长圆形，长2～3厘米，宽1～2厘米；花单生于叶腋，无花瓣。果实呈球形，色泽紫黑，果期为9～10月；夏季开花后会结出扁圆形的绿色小果实，这些果实整齐地排列在叶背附近的小枝上，貌似串串珍珠，由此而得名。

养护管理

浇水：珍珠草长大后不需要每天浇水，否则容易烂茎，大约每星期浇1次水即可。但在发芽期需要每天浇水，以保持土壤湿润。

施肥：施足基肥后，就不需要再施肥。

光照：珍珠草所属的叶下珠属，几乎可称为喜光花族，因此光照是珍珠草生长发育的关键因素。应将其放置在向阳的地方，全日照、半日照均可。

介质：以土层深厚的酸性赤红壤培育珍珠草为佳。

病虫害：此草的主要虫害有木毒蛾、介壳虫、蚜虫等，可用稀释后的甲胺磷类杀虫剂喷杀。

繁殖：此草可于3～4月份播种繁殖，播好种子后，在表土上撒些草木灰即可。

修剪：珍珠草属于干燥带根的植物，主根不发达，须根较多，基本上不需修剪。但须注意清除杂草。

布置应用

珍珠草不仅可供观赏，还可清热平肝、明目利尿、解毒消肿，对痢疾、肠胃炎皆有一定的疗效。

养护问答

Q 珍珠草能用来治疗乙肝吗？

A 珍珠草对于保肝护肝，加快肝功能恢复，具有一定的功效有。

但是，对于乙肝病毒的清除或者抑制，却没有人们所想象的那么明显的效果。因此，珍珠草只可以作为治疗乙肝的辅助药物，且不能将其作为唯一的治疗药物，要想治愈乙肝，患者应该到正规医院进行治疗。

• Finger citron（英文名）

佛 手

★科属：芸香科、柑橘属

★别名：佛手柑、九爪木、五指橘

★花期：夏季

生长特征

佛手为常绿小乔木，叶片互生，一般呈长椭圆形，表面脉络特别明显，显得凹凸不平，叶片边缘有锯齿。茎部有棘针刺。花为顶生，白色，与柑橘类似。果实在春、夏、秋三季都可结果，开始为绿色，经历4～5个月成熟后，颜色变为橙黄。成熟的果实造型各异，有的像伸开的手掌，有的像紧握的拳头，有的2～3指成一果，有的十来指成一果，香味清醇持久，十分招人喜爱。

养护管理

浇水： 夏季时，应适量在盆周地面上洒些水以增加湿度，但不可直接在中午向花上浇水。冬季则应减少浇水，土壤干燥一些较好。

施肥： 施肥应薄肥勤施，在生长期以施氮肥为主，在开花结果期则以施磷肥和钾肥为主。

光照： 佛手喜阳，适宜放置在向阳背风处养殖。夏季温度较高时，要适当遮阴或放置于半阴处。在霜降前则应移入室内向阳处。

介质： 喜肥沃、排水性良好的微酸性沙质壤土，忌黏性土和盐碱土。

病虫害： 佛手主要的病害有溃疡病、疮痂病等，一般可用多菌灵或甲基托布津液防治，主要的虫害有潜叶蝇、红蜘蛛，可用水胺硫磷或敌敌畏等农药喷杀。

繁殖： 佛手虽然开花结果，但没有种子，所以主要靠扦插和嫁接法进行繁殖。

修剪： 佛手春季宜进行新枝修剪。夏秋两季，佛手生长旺盛，应注意剪去枯枝。

养护问答

Q 怎样才能让佛手结果更多?

A 通常情况下，佛手在惊蛰前后开始开花，在这个阶段，可在某一序上选留2～3朵健壮的雌花作为结果花，并将其余的花全部摘掉。这样，留下来的花会大量吸收养分，可以较稳定地结果。此外，在进入结果期后，要经常用手拔除植株周围的杂草，记住不要用锄头锄草，以免误伤根茎。

• Daphne odora aureomarginata
（拉丁名）

金边瑞香

★科属：瑞香科、瑞香属

★别名：蓬莱花、风流树

★花期：2～3月

生长特征

金边瑞香是瑞香的变种，属瑞香科常绿小灌木。金边瑞香的叶片十分密集，革质的光滑叶面呈椭圆形，长5～6厘米，宽2～3厘米，表面为深绿色，叶背是淡绿色，叶缘呈金黄色，“金边瑞香”之名由此而来。金边瑞香花色红艳，香味浓郁，每朵均由十数朵小花组成，由外向内开放。

养护管理

浇水：金边瑞香喜阴、忌涝，盆栽一定要控制浇水的量，盆内表土不干不浇水，表土若干了则必须浇透，若是浇而不透，容易造成盆土上湿下干。但若盆土过湿，则易出现根腐病或茎腐病。须遵守浇水不可太勤、盆土不可积水的原则。

施肥：大约每半个月的时间施加1次稀释的硫酸亚铁溶液肥，用以保证土壤的酸性。

光照：喜温暖、湿润、凉爽的气候环境，尤忌酷暑，仅喜弱光，应避免强光直射。可在散射光下养护。

介质：此花适宜质地疏松、透水性良好的肥沃酸性沙壤土，尤忌黏重土或干旱贫瘠的土质。

病虫害：金边瑞香的根系柔软甜美，最易招惹蚂蚁，因此要防止蚂蚁入侵。

繁殖：金边瑞香开花不结花籽，一般可采用扦插的方法繁殖。扦插在一年四季均可进行，在夏天扦插的金边瑞香花成活率最高。

修剪：金边瑞香耐修剪、易造型，开花以后可去除弱枝及过密枝，这样会使花的萌发力更强。

养护问答

Q 金边瑞香出现了根腐病怎么办？

A 金边瑞香出现根腐病的原因很多，但一般认为跟日常浇水有关。平时如果给金边瑞香浇水过度的话，很容易引起其根腐病或茎腐病，若遇到此种情况，应立即抢救。具体的办法是立即换盆，并在此过程中洗净根部，用施过有机肥的培养土重新装盆，放置在通风、荫蔽的地方进行养护。

• Guava（英文名）

番石榴

★科属：桃金娘科、番石榴属

★别名：芭乐、鸡矢果、拔子

★花期：5～8月

生长特征

番石榴属常绿型小乔木、灌木，株高为5～12米，无直立主干，枝根发达，树皮是绿褐色。果实呈卵形、梨形或球形，成熟时多为淡绿色、粉红色或黄色，果肉也有红、白、黄三色。

养护管理

浇水：每半个月浇1次水即可。

施肥：每年施4～5次肥即可，以有机肥为主。唯有开花和结果期应以磷、钾和有机肥混合，进行根外追肥。

光照：番石榴适合在23℃～28℃的室内养殖，不过短时间内放在0℃左右的地方也不至于冻死，足见其耐寒程度。番石榴虽然耐阴，但更喜欢充足的阳光。

介质：番石榴属于适应性很强的热带果树，耐旱亦耐湿，对土壤的要求不严。

病虫害：番石榴的主要病害是褐斑病。一般在土壤贫瘠、植物枯瘦的情况下容易滋生该病。

繁殖：番石榴的种子数量很多，小而坚硬，在自然界可由鸟类传播。人工种植番石榴，可采用播种、扦插、压条或嫁接等方式繁殖。

修剪：合理的修剪对番石榴形成新梢及果实产量的提高皆有显著效果。

布置应用

在客厅角落或茶几上摆上一盆绿意盎然的番石榴，不但可增加居室的情趣，而且心情也会变得愉悦起来。

养护问答

Q 怎样才能控制番石榴长得过高?

A 通常情况下，在春季要及时为番石榴剪去枯枝、过密枝等枝条，还要剪去粗枝，以降低树冠的高度。在夏季生长旺盛的阶段，要适当抹除顶芽和不定芽，以防止枝梢过密、过快生长。另外，在新梢现蕾开花后，要将主枝斜拉近水平方向，以矮化树体。这样就可以解决树体过高的问题了。

• *Podocarpus macrophyllus*
（拉丁名）

罗汉松

★科属：松科、罗汉松属

★别名：土杉、罗汉杉

★花期：4～5月

生长特征

罗汉松树皮呈灰褐色薄片状，枝干开展密生，树冠呈广卵形。叶互生，呈螺旋状排列，基部楔形，前端突尖或钝尖，两面中脉明显而隆起。叶形有小叶、短叶、狭叶等。雌雄异株，雄球呈花穗状，单生或2～3簇生叶腋，有短梗。成熟后种托呈红色，加上先端的绿色种子，恰似着红色僧衣的和尚，故名罗汉松。

养护管理

浇水：罗汉松耐旱能力较强，生长季节要保持土壤略微干燥。但夏季由于水分蒸发较快，浇水应充足一些。

施肥：罗汉松不喜浓肥，春秋两季各施2～3次以氨肥为主的稀薄液肥即可生长良好。

光照：性喜温暖、湿润环境，但也较为耐阴。

介质：适合生于排水性良好、深厚肥沃的湿润土壤。特别适宜在腐殖土中生长。

病虫害：罗汉松的主要虫害为罗汉松新叶蚜，可以在早春尚未萌芽时，用波美1～3度石硫合剂液喷洒，可杀灭越冬虫卵。在4～5月时再喷洒40%氧乐果乳剂1500～2000倍液、50%抗蚜威可湿性粉剂600～800倍液，可杀死成虫。

繁殖：可用播种法及扦插法繁殖。扦插以在梅雨季节进行为好，易生根。

布置应用

罗汉松的根皮、果实均可入药。其味甘，性微温。根皮具有活血止痛、杀虫等功效。

养护问答

Q 罗汉松幼苗枯死是什么原因造成的?

A 罗汉松幼苗枯死，有可能是感染了叶枯病。通常在发病初期，病叶尖端会色泽发红，以后逐渐转变为淡褐色或灰白色。到了发病后期，病部的正反两面均会产生小黑点，出现干枯。预防这种病害可喷施50%代森铵水剂1000倍液或75%百菌清可湿性粉剂500倍液，喷3～5次即可见效。

Lemon（拉丁名）

柠檬

★科属：芸香科、柑橘属

★别名：柠果、益母果

★花期：春季

生长特征

柠檬是常绿小乔木，茎上长有坚硬的棘针。其叶片较小，革质，叶片互生，叶柄较短，叶翼不明显，呈卵形，边缘微现钝齿状。柠檬花单生或丛生于叶腋，花柱较粗，直径1～2厘米，萼浅杯状，淡紫色，微有香气。柠檬的果实极为常见，呈长椭圆形或卵圆形，前端有乳头状的突起，颜色鲜黄、有光泽，果皮粗，味极酸，有种子3～4粒。

养护管理

浇水：柠檬适应温暖及有一定湿度的环境，盆土要保持湿润，越冬时要适当地减少浇水量。

施肥：在生长期，一个月左右施一次腐熟有机液肥，一个半月左右施一次稀释后的磷酸二氢钾。

光照：柠檬喜阳光充足、温暖通风的生长环境。

介质：适宜质地温润、疏松、肥沃的沙质土壤。

病虫害：柠檬的病害主要有炭疽病、黑斑病、疮痂病等，可用硫菌灵、退菌特世高2000～5000倍液防治；虫害主要有黄蜘蛛、花蕾蛆等，可用73%的果满园果油、40%的巨雷乳油进行喷杀。

繁殖：通常采用扦插的方法繁殖。

修剪：将柠檬整形修剪，剪下当年生健壮的春梢枝条，每枝长4芽左右，除留顶芽一片叶外，其余全部剪除。

布置应用

柠檬除了可以装点客厅、商店及餐厅等场所外，其水果还具有解酒化湿、清热祛暑等功效。

养护问答

Q 柠檬与防治高血压有什么联系吗？

A 人们常说，多吃柠檬可以预防和改善心血管疾病，这确实是一种有科学根据的说法。柠檬中含有多种维生素和微量元素，尤其含有柠檬酸，而柠檬酸具有收缩和增固毛细血管壁的作用，能缓解钙离子促使血液凝固，增强血管弹性和韧性，提高了凝血功能，这样就可以有效地起到降低血压的作用。

• Azalea（英文名）

杜鹃

★科属：杜鹃花科、杜鹃花属

★别名：映山红、格桑花、金达莱等

★花期：4～5月

生长特征

杜鹃是杜鹃花科中间一种小灌木，品种繁多，形态各异。有的高达20米，有的仅有10～20厘米；主干直立为单生或丛生；枝条互生或假轮生；叶片形态很多，但基本没有条形，边缘没有锯齿；花朵变化最大，有顶生、侧生或腋生，花朵有单花、少花或多花，花冠显著，有漏斗形、钟形、辐射状杵臼式钟形、碟形、碗形或管形；花瓣有4～5裂或6～10裂，色彩丰富多变。

养护管理

浇水：喜欢较为湿润的土壤，但切忌根部积水以免烂根。浇水时应待土壤干后再浇，且要一次浇透。

施肥：施肥应薄肥勤施，施用充分腐熟的肥料，选择晴天傍晚在干燥的土壤状态下施肥，施肥后第二天要浇水一次，以有效地溶解肥料。

光照：长日照花卉，需光照12小时以上才能形成花蕾，但在生长过程中害怕强光照射，在春、夏、秋三季需要适当遮阴，保持通风良好。

介质：杜鹃喜欢腐殖质丰富、排水性良好的疏松沙质土壤，切忌黏性较大的土壤。

病虫害：极易受到红蜘蛛、蚜虫、螨虫及褐斑病、肿叶病、黄花病等危害，平时要注意检查，及早预防。对于一般居家养殖的杜鹃来说，最容易受红蜘蛛虫害的困扰，防治方法主要为人工捕杀，也可用5%石硫合剂喷杀或敌敌畏1000倍液喷杀。

繁殖：可用播种、扦插、嫁接及压条等方法繁殖。

修剪：可作造型修剪，在春秋两季花谢后要及时摘去残花，剪去花梗及过密枝。

养护问答

Q 盆栽杜鹃花对于水质有什么要求吗？

A 杜鹃花适合在酸性土壤中养殖，浇灌用水最好是不含杂质、未受污染的碱性水。这样可使杜鹃花的酸碱度达到中和，起到促进生长的作用。此外，在使用自来水浇灌时，最好将自来水放入桶中静置1～2天后再用。浇水时，水温最好与土壤温度接近。若遭遇梅雨季节，要及时侧盆倒水。

专题 健康花草茶饮

花草茶饮	保健功效	具体操作方法
芦荟红茶	提高细胞活力、改善肌肤光泽	芦荟1/2支、菊花2朵、红茶3克、蜂蜜适量，加水煮代茶饮。
薄荷茶	提神解忧、清利头目	鲜薄荷叶12克，加水煮代茶饮，或直接用热水冲泡饮用。
玫瑰嫩肤茶	理气解郁、清毒养颜	大枣2颗、玫瑰花4朵、用沸水冲饮。
菊花决明茶	疏肝明目	菊花10克、炒决明子12克，沸水冲泡代茶饮。
玫瑰养颜茶	护肤健胃、养颜润肤	玫瑰花3朵、枸杞子4粒，用沸水冲泡即饮。
桃花美白茶	淡化色斑、黑色素	桃花3克、冬瓜仁2克，用沸水冲泡即饮。
金银花清暑花	清热解毒、消暑败火	金银花10克、茶叶5克、冰糖适量，用开水冲泡，闷上10分钟左右饮用。
芬芳下午茶	解疲消乏	茉莉、玫瑰、紫罗兰、金盏花、菩提叶各1克，冰糖适量，做成茶包冲泡即可。
玫瑰花茶	促进消化、祛淤调经	玫瑰花6克、茶叶5克，沸水浸泡饮用。
茉莉花茶	抑制细菌、解毒消炎	茉莉花3克、茶叶2克、霍香6克、荷叶6克，一起用沸水冲泡即可。
桑菊茶	散热清肺、清肝明目	桑叶2克、菊花2朵，沸水冲泡饮用即可。
白牡丹茶	退热降火	白牡丹5克，沸水冲泡饮用即可。
茉莉花糖饮	行气解郁、止痛散结	茉莉花5克、白砂糖适量，加水煎煮，去渣取汁饮用。
桃花茶	美容养颜、疏通经络	桃花6朵，用沸水冲泡即可饮用。
三花茶	预防风热感冒、咽喉痛	金银花2克、菊花1朵、茉莉花2克，将三花一起放入茶杯用沸水冲泡即可。
桂花绿茶	清凉消暑、排毒	桂花2克、绿茶3克，用沸水冲泡饮用。

Part7

第七章

家庭开运花草为您带来好运

天地万物，各自都蕴藏着不同强弱的磁场，依据十二星座的个性基因，并参考植物的不同习性、外观、气味及生长变化，就能找到与你最相配的开运盆栽。如果你最近总是流年不利，不妨摆盆开运植物，因为它不仅能美化周围的环境，还能提升你的运势。不过，开运的花草盆景种类繁多，什么品种要放在哪里？又有哪些注意事项呢？让我们去深入了解一下吧！

12星座幸运盆栽

白羊座 排列有序的植物才会理顺你的思绪

星座分析

★星座时间段：03/21～04/19 ★可选择的开运花草：球形仙人掌、火龙果、芦荟

白羊座的人天生就爱冲动，心直口快是他们个性的一大弱点，这可能会影响到职场人际关系以及上司对他们的评价，令周围的人感到困扰。多肉型植物与白羊座最为般配，它们是吸收负面能量，而且易于种植，能够稳定白羊座的人凌乱的思绪，而其中的球形仙人掌浑圆的外形更能让白羊座的人处世圆滑稳重，多一份忍让与谨慎。

开运代表花草

仙人球 | Prickly pear（英文名）

★科属：仙人掌科、仙人球属
★别名：草球、长盛球
★花期：夏季

生长特征

仙人球为多年生肉质多浆草本植物，茎呈球形或椭圆形，球体上有纵列的棱，棱上生有辐射状针刺，其花着生于纵棱刺丛中，形似喇叭状，外有鳞片，鳞腑有长毛，球体常侧生出许多小球。花有银白色、粉红色和金黄色。

养护管理

浇水：新栽的仙人球不需浇水，只需每天喷适量水。半个月后可少量浇水，等1个月左右长出新根以后，可逐渐增加浇水量。

施肥：在生长期，要每半月左右施1次复合肥。遇到冬季和盛夏应停止施肥。

光照：仙人球喜光，不宜久置室内光照不足的地方，但也不宜在夏季长期受烈日暴晒，要注意遮阳。

介质：适宜在肥沃、排水透气性良好、含石灰质的沙土壤生长。

病虫害：仙人球主要病害有茎枯、茎腐病等，可喷淋72.2%普力克水剂400倍液防治。主要虫害为介壳虫，可用氧化乐果溶剂1500～2000倍稀释溶液喷杀，也可用人工捕杀。

繁殖：仙人球繁殖最容易的方法是扦插，可从母株上切取子球，插入沙土中繁殖，不需浇水。

修剪：不用修剪。

金牛座 挺拔出众的花草会让你更加务实

星座分析

★星座时间段：04/20～05/20 ★可选择的开运花草：虎尾兰、沙漠玫瑰、孔雀木

金牛座的人相当务实，且占有欲太强，只要与钱财相关，绝对锱铢必较。不过，职场中金牛座的人最容易出现怠惰情况，由于不愿得罪人、担心犯错、缺乏自信等个性弱点，使金牛座的人总是给人一种办事不牢靠的感觉。“虎尾兰”有着挺拔出众的外观，能提升金牛座人的工作冲劲，也能帮助金牛座人改善畏首畏尾的个性。

开运代表花草

虎尾兰 | Snake plant（英文名）

★科属：龙舌兰科、虎尾兰属
★别名：虎皮兰、千岁兰、虎尾掌、锦兰
★花期：11月

生长特征

虎尾兰植株高度因品种而异，从1米至10数米不等。叶肉质，有圆筒形、剑形、广披针形等，簇生于地下根茎上，叶面有各种不同形态的斑纹变化。成株每年均能开花，有香味，但以观叶为主。

养护管理

浇水：浇水要适中，不可过湿。虎尾兰为沙漠植物，能耐恶劣环境和久旱。浇水太勤，叶片会变白，斑纹色泽也会变淡。由春至秋生长旺盛，应充分浇水。冬季休眠期要控制浇水，保持土壤干燥，浇水要避免浇入叶簇内。用塑料盆或其他排水性差的装饰性花盆时，要切忌积水，以免造成腐烂而使叶片以下折倒。

施肥：施肥不应过量。生长盛期，每月可施1～2次肥，施肥量要少。长期只施氮肥，叶片上的斑纹就会变暗淡，故一般使用复合肥。也可在盆边土壤内均匀地埋3穴熟黄豆，每穴7～10粒，注意不要与根接触。从11月至翌年3月则停止施肥。

光照：喜阳光温暖，也耐阴，宜放置于阴处或半阴处。

介质：土壤以疏松肥沃、排水性良好的沙质土为好。虎尾兰对土壤的要求并不是很高，在瘠薄的土壤中也可以正常生长。

病虫害：在通风不良或是气温过高的情况下，易发生叶斑病。病斑呈黄褐色，中间为灰白色。

繁殖：可扦插繁殖，也可分株繁殖。

修剪：虎尾兰根系稀松，不宜修剪。

双子座 旺盛的生长力量会让你干劲十足

星座分析

★星座时间段：05/21～06/21　★可选择的开运花草：柠檬香蜂草、迷迭香、金钱薄荷

双子座的人反应力好，而且聪明灵活、富有创意。但双子座的人最大的弱点就是无耐心，工作上有时会流于表面功夫，可能会因无法负荷太严肃或精细繁琐的工作而导致虎头蛇尾。柠檬香蜂草旺盛的生长能力可以为双子座的人带来持续工作的力量，同时它清新独特的气息也有提神醒脑的作用，这都可以提高双子座人的工作效率！

开运代表花草

柠檬香蜂草 | Melissa officinalis（拉丁名）

★科属：唇形花科
★别名：蜜蜂花
★花期：夏季

生长特征

柠檬香蜂草为多年生草本植物，根系较短，分枝性强，易形成丛生，宽卵形锯齿叶，茎叶披有茸毛，叶片发散柠檬香味。花为白色或淡黄色。

养护管理

浇水：由于柠檬香蜂草叶片较薄，必须时常浇水，以保持湿度，并要遮光50%，否则来不及发根、插穗就已经旱死。

施肥：6～8月生长旺盛，应每隔20～30天追肥1次。所施肥料最好要以速效氮肥为主，其他肥料次之。

光照：喜阳光充足的环境，但忌阳光直射；既耐热又耐寒，北方露天稍加培土覆盖即可安全越冬。

介质：宜选肥沃、疏松、排水性良好的沙壤土种植。

病虫害：根据国外报告主要病害有叶斑病、萎凋病，可用相关的药剂喷施。虫害主要有蚜虫、红蜘蛛与地下虫等，也偶见斜纹叶稻虫、毒蛾幼虫或蛞蝓啮食叶片，可用氧化乐果等药进行喷杀。

繁殖：主要用种子进行繁殖，立春后播种即可。由于种子细小且喜光，播种后不需覆土，保持土壤湿润即可，待苗高5厘米左右（具有4～6片真叶）时移栽。此外，还可用扦插繁殖和分株繁殖方式。

修剪：夏天宜进行枝叶修剪，避免让其太过密集，有花穗时就要修剪，直到开花之前。

巨蟹座 美丽的外表会缓解你浮躁的情绪

星座分析

★星座时间段：06/22～07/22　★可选择的开运花草：合果芋、观音莲、白色网纹草

巨蟹座的人相当爱家，很懂得经营打理自己，讲究生活的质量与情调，为人好相处，做任何事都相当有耐心，容易得到长辈、主管、客户的喜爱。但在职场上的最大缺点就是很容易因为情绪化而导致效率不佳。美丽的观音莲可以缓解巨蟹座人的浮躁情绪，能助其专心一致地工作，从而提升效率。

开运代表花草

观音莲 | Widened microsorium（英文名）

★科属：天南星科、观音莲属
★别名：黑叶芋
★花期：7～10月

生长特征

观音莲为陆生蕨类，植株高达90厘米。根茎横卧或斜伸，粗短，顶部有棕色短腺毛。叶片四处散开，肉质，较肥厚，叶丛紧密排列成莲座状，叶顶端尖，呈紫红色。聚伞状花序，花冠为红色，花瓣披针形而不张开。

养护管理

浇水：生长期以干燥环境为好，不需浇水过多，盆土过湿会导致茎叶徒长，即使是盛夏高温时也不要过量浇水，少喷些为宜。冬季低温条件下更不可多浇水，不然水分过多会导致根部腐烂。

施肥：不需肥大水，生长期间只需每月施1次稀薄饼肥水或颗粒复合肥即可。

光照：观音莲喜光，春秋季可放在向阳的窗台上或阳台上，夏季则放在室内光线明亮处即可。冬天可放在室内朝阳的窗台上。

介质：肥沃而排水性良好的土壤。

病虫害：一般会生锈病、叶斑病和根结线虫，可用75%百菌清可湿性粉剂800倍液喷洒防治；根结线虫用3%呋喃丹颗粒剂喷洒。虫害主要有黑象甲，用25%西维因可湿性粉剂500倍液喷杀。

繁殖：主要用扦插法进行繁殖。将完整的成熟叶片平铺在潮润的沙土上，叶面朝上，叶背朝下，无须覆土，然后将其放置在阴凉处，10天左右会从叶片基部长出小叶丛及新根。注意所插的土壤不可太湿，否则叶片的伤口易腐烂，从而导致扦插失败。

修剪：叶片越密集越漂亮，且外观不会走形，所以无须修剪。

狮子座 浓烈的郁金香让你更稳重

星座分析

★星座时间段：07/23～08/22　★可选择的开运花草：红玫瑰、天堂鸟、郁金香

狮子座的人天生喜欢娱乐众人，个性大大咧咧，在职场上也是如此，所以，狮子座的人可能会花太多时间在交际上，而无法专注于工作。对于一些过于繁杂、细琐的工作流程，也往往缺乏耐性，以致在细节上常常出现缺失。鲜艳而浓郁的郁金香能引导出狮子座的人细心与沉静的一面，从而使他们在职场上不容易出现错误。

开运代表花草

郁金香 | Tulip（英文名）

★科属：百合科、郁金香属
★别名：洋荷花、草麝香、旱荷花
★花期：3～5月

生长特征

郁金香为多年生草本植物，鳞茎扁圆锥形或扁卵圆形，具棕褐色皮股，外被淡黄色纤维状皮膜。茎叶光滑且有白粉。叶长椭圆披针形或卵状披针形。花单生茎顶，大型直立，林状，基部常黑紫色。

养护管理

浇水：在生长期间，只要保持土壤湿润为宜，可不必浇太多水。如果天气干旱、气温又高时，可适当多浇水。

施肥：施肥关键在施肥春季，需施肥2次，1次可在抽嫩芽展新叶时，另1次可在花蕾将要开花时。

光照：郁金香比较喜阳，尤其是花蕾抽出后，更是要放在阳光充足的地方。

介质：适宜在疏松、肥沃、排水性良好的沙质壤土生长。

病虫害：郁金香极易受腐朽菌核病、灰霉病、碎色花瓣病，腐烂病、蓟马、刺足根螨等病虫害危害。若发现病株，可用甲基托布津和多菌灵600～800倍液交替喷施。现蕾期偶尔会有夜蛾取食花蕾，可人工捕捉，避免施药，否则会对花蕾有不利影响。如发生螨类害虫，可用克螨特1500倍液防治。

繁殖：郁金香繁殖主要用分离小鳞茎法繁殖和播种繁殖，由于播种繁殖开花的时节比较晚，因此，郁金香一般都采用分离鳞茎法来繁殖。

修剪：在花期过后，为了能给新鳞茎集中供给养分，需要对郁金香进行剪除花茎的修剪。一般情况下，如果母株需要留种子，应留下母株，剪其他即可。

处女座 柔美的曲线会让你多点儿温柔气质

星座分析

★星座时间段：08/23～09/22 ★可选择的开运花草：兰草、孔雀芋、千年木

处女座的人天生细心，有耐心且又条理分明，是职场上的好帮手。不过，处女座的人却容易因为过度投入工作或讲求完美而使得精神紧张，在人际关系上又过于吹毛求疵容易得罪人。生命力极强的“七彩千年木”，可以令其紧张的精神得到舒缓，能在职场上一丝不苟的处女座们多点儿温柔贴心的气质，除了工作，还能关心同事与朋友，进而提升人际关系！

开运代表花草

七彩千年木 | Dracaena marginata

（拉丁名）

★科属：百合科、龙血树属
★别名：红边龙血树、红边朱蕉
★花期：——

生长特征

七彩千年木株形树干小而直立。主干在1米左右，树节紧密。叶片细长，新叶向上伸长，老叶垂悬。叶片细狭如剑形。叶长30～40厘米，叶宽不足1厘米，叶片中间为绿色，边缘呈现清而不乱的白色、乳白色、黄色、奶黄色、大红色、粉色、深绿色、淡绿色等多种彩色的条纹。

养护管理

浇水：喜潮湿，见干即浇水，尤其在夏、秋两季要多浇水，以酸性水为佳。

施肥：一般在生长旺季每月需施肥1～2次，以氮肥为主并配以磷、钾肥的液肥。

光照：喜光，但夏季不能受阳光直射，其他季节则不然。温度保持在20℃～35℃之间生长旺盛，长势良好。如果冬季气温低于10℃，就必须采取保温措施。

介质：喜高温多湿、疏松肥沃、排水性良好的微酸性土壤。

病虫害：病害主要有炭疽病和叶斑病等，可用10%抗菌剂400～1000倍液喷洒。虫害主要有介壳虫，可用40%氧化乐果乳油1000倍液喷杀。

繁殖：常用的繁殖方法为扦插法和分株法，这两种方法均较易成活。扦插法以6～10月的枝条最佳，剪取顶端枝条10～15厘米，带5～6片叶，插后1个月生根并萌芽即可。

修剪：每年春季进行摘心1次，平时只需注意剪除发黄枝、病枝和枯枝即可。

天秤座 艳美的外形会让你激情工作

星座分析

★星座时间段：09/23～10/23　★可选择的开运花草：小苍兰、鼠尾草、岩桐花

优雅的天秤座相当重视外在的美感，再加上缓慢慵懒、缺乏斗志的特质，很容易在职场上被人当作花瓶，无法被赋予重任。鲜艳美丽的小苍兰最符合天秤爱美的天性，其旺盛的生长力更能提升天秤座人的办事能力，在办公桌前摆一盆不仅可以赏心悦目，还能在无形中给予天秤座人精神上的鼓舞，激起天秤座人的工作热忱，更能为天秤座人带来工作的好心情！

开运代表花草

小苍兰 | Freesia refracta klatt

（英文名）

★科属：鸢尾科香雪兰属
★别名：香雪兰、小菖兰、洋晚香玉、麦兰
★花期：春节前后

生长特征

小苍兰为球根花卉，球茎长卵形，茎柔弱，有分枝。叶茎生二列状，呈短剑形。穗状花序顶生，花序轴斜生，稍有扭曲，偏生一侧。花有红、黄、橙、紫、黑、白等颜色。花朵由六瓣组成，呈重瓣。花朵的形状有杯形、碗形、卵形、球形、钟形、漏斗形、百合形等。

养护管理

浇水：生长初期，浇水不宜过多，否则茎叶生长柔弱，易倒伏。抽出花枝，需设网架支撑，花期保持稍湿润，花期过后稍干燥。

施肥：小苍兰在生长期，要求肥水充足，应每两周施用1次有机液肥，亦可适量施用复合化肥。

光照：性喜温暖湿润环境，要求阳光充足，但不能在强光、高温下生长。

温度：温度需保持在15℃以上。

介质：应选择富含有机质且疏松的土壤。

病虫害：病害主要有唐菖蒲干腐病危害植株和球茎，可用10%菌剂401醋酸溶液1000倍液喷洒球茎表面进行防治。危害小苍兰的虫害主要是油葫芦，可用50%辛硫磷1000倍液1000～2000毫升，再拌入鲜草进行诱杀。

繁殖：可采用播种法或分植球茎法繁殖。也常用分株繁殖。分株，5月前后球茎进入休眠期，在母球周围形成3～5个子球茎。将子球茎剥下，分级储藏，至9月盆栽。

修剪：抽蕾前要设立网支架，以防止地上部分倒伏。

天蝎座 顽强的生命力会让你多一份反思

星座分析

★星座时间段：10/24～11/22　★可选择的开运花草：黄金葛、弹簧草、台湾山苏

天蝎座的人拥有极端的个性，个人的爱恨喜好往往极易喜形于色，有时也容易给人阴沉的印象，所以在职场上的评价通常是两极化。其实，天蝎座的人有时只是心中盘算太多，显得不够开朗。只要保持轻松愉快的心情，就能有很好的人际关系。如果在桌上摆上一盆弹簧草，其旺盛的生命力能稳定天蝎座起伏剧烈的情绪。

开运代表花草

弹簧草 | Albucanamaquensis（拉丁名）

★科属：风信子科
★别名：螺旋草
★花期：3～4月

生长特征

弹簧草为多年生鳞茎类肉质植物，圆形或不规则状鳞茎，鳞茎由多层肥厚的肉质鳞片组成，地下部分表皮呈黄白色，露出地表的部分经日晒后变为绿白色。肉质叶由鳞茎顶部抽出，线形或带状，最初直立生长，以后逐渐扭曲盘旋，很像弹簧。花梗由叶丛中抽出，总状花序，小花下垂，花瓣正面淡黄色，背面黄绿色。

养护管理

浇水：喜湿润的环境，生长期宜保持土壤湿润而不积水，夏季可经常向植株喷水，以增加空气湿度，避免叶子顶端干枯。夏季多雨时，可将花盆放在架子上，以防因积水而造成鳞茎腐烂。

施肥：每年的10月至翌年的4月为植株生长旺盛期，每月施1次腐熟的稀薄液肥或复合肥，以提供充足的养分，使植株生长旺盛，春季花莛抽出后，可喷施0.5%的磷酸二氢钾溶液2～3次，以促进开花。

光照：弹簧草喜光，生长期应给予充足的光照，光照不足会使叶片细弱，且卷曲程度差，很难突出弹簧草所独有的魅力。

介质：盆土要求肥沃疏松，含腐殖质丰富，具有良好的排水透气性，可用腐叶土。

病虫害：弹簧草的病害主要有因积水而造成的鳞茎腐烂病，可通过改善栽培环境来进行预防。虫害主要有蜗牛及线虫等，可在培养土中掺入呋喃丹等杀虫农药来进行防治。

繁殖：主要有分株和播种两种。分株时可将大鳞茎周围萌生的小鳞茎掰下，另行栽于培养土中即可。

修剪：一般不用修剪。

射手座 枝繁叶茂的外形让你趋向成熟

星座分析

★星座时间段：11/23～12/21　★可选择的开运花草：铜钱草、万年青、薜荔

射手座的人天生就爱动，他们的行动速度比思考的速度还要快，他们活泼好动，在职场上说做就做，就是因为这个优点他们总能赢得主管的青睐。虽然人际关系好、工作效率高，但有时难免因静不下来心而在职场上给人鲁莽、浮躁的感觉。铜钱草具有很强的适应性，正好能为起伏不定的射手座人带来沉稳成熟的魅力。

开运代表花草

铜钱草 | Hydrocotyle vulgaris（拉丁名）

★科属：伞形科
★别名：积雪草、缺碗草、马蹄草
★花期：6～8月

生长特征

铜钱草为多年生匍匐草本植物，常蜷缩成团状。其茎部较为细长，且伏地，节上生根。其叶子互生，呈肾形，背面密集似丁字形毛，全缘；花呈钟状，黄色。

养护管理

浇水：每日清晨需浇1次水，水分不宜过足，以底孔有水流出为度。

施肥：铜钱草种植后20天即可施肥，有条件的可每亩淋入人粪10担，也可用尿素稀释淋施，比例为100∶1，施肥以薄肥勤施薄施为好。每收割一次，要结合除草和施肥。

光照：铜钱草不似其他植物那样娇气，对光照并无特殊要求，但最好避免阳光直射。很喜欢温暖潮湿的环境，能在良好的日照下茁壮生长。

介质：对土壤要求并不严格，无论是黄壤土、红壤土还是黑壤土，甚至在贫瘠的土壤上亦能生长。但其抗旱性不强，最适宜在细致、偏酸、潮湿、肥力低的壤土中生长。

病虫害：铜钱草容易遭受红蜘蛛、螟虫等虫害滋扰，可用40%乐果乳剂1000倍液或25%中科美铃3000～3500倍液喷杀。

繁殖：由于铜钱草的蔓延能力强，茎纤细长，种植容易，匍匐地表，繁殖迅速，且水陆两栖，可采用播种或分株法繁殖。播种时，可将种子用40℃温水浸泡24小时，捞起晾干即可撒播。一般7天开始发芽。

修剪：铜钱草繁殖较快，因此要经常修剪，以免花盆被蔓延至满，造成叶子渐黄渐枯。

摩羯座 宽大的叶面会让你懂得圆通处世

星座分析

★星座时间段：12/22~01/19　★可选择的开运花草：佛手芋、蝴蝶兰、白鹤芋

摩羯座的人在职场上属于最受同事欢迎的人，他们任劳任怨、脚踏实地的工作态度，特别能博得老板的青睐。但难免因其个性过于固执，而令同事吃不消。优雅的“蝴蝶兰”正好可以化解摩羯座人的固执脾气，尤其它那宽大的叶面象征着人和的精神，可使摩羯的人与平辈、团体间的相处沟通中更圆融，工作情绪更愉快。

开运代表花草

蝴蝶兰 | Moth orchid（英文名）

★科属：兰科、蝴蝶兰属
★别名：蝶兰
★花期：春节前后为盛花期

生长特征

蝴蝶兰为单茎类的兰花，叶片椭圆，分为绿色、绿面红背及斑叶红背三种。花朵大小因品种不同而有差异。花朵具六瓣，三瓣为萼片，三瓣为花瓣，向上的一片为上萼片。左右两斜的为下萼片。左右两肩的两大花片叫做花瓣，最下的一片为唇瓣，唇瓣前端有两条触须般的短须。这几个结构组合起来，俨然一只翩翩飞舞的蝴蝶，故名蝴蝶兰。

养护管理

浇水：喜湿，生长期要多浇水，春秋两季每天黄昏时浇水为宜，夏季植株生长旺盛，可1天浇2次水，分别在上午9时和下午5时进行。冬季可隔1周浇1次水。

施肥：一般在春夏两季生长旺盛时，每月施1～2次薄的有机肥或复合肥，也可以每1～2周浇1次营养液。施肥的时间一般选择在下午浇水以后。冬季如果温度不是很低，也不要停肥，此时正是花芽分化期。只是花期要停止施肥。施肥过程中不可将肥料洒在叶片和叶基上。

光照：怕晒，整个生长期都需要遮去差不多一半的光，从而避开直射光。在遮光的同时，要保持空气流通。

介质：排水和通风性良好的盆栽基质为宜。

病虫害：蝴蝶兰抗病害的能力较弱，易患褐斑病，可用50%的多菌灵可湿性粉剂1500倍液，或70%的托布津可湿性粉剂1000倍液来进行喷洒。

繁殖：一般采用分株法来进行繁殖。

修剪：一般不用修剪。

水瓶座 优雅的花形提升你的亲和力

星座分析

★星座时间段：01/20～02/18　★可选择的开运花草：蔷薇、水仙、风信子

水瓶座的人是职场上的创意人，他们天马行空的想法特别适合做一些企划、营销或是需动脑的工作。不过，大部分的水瓶座人容易因其特别的个性招致一些闲言闲语，让人忽略了他们的工作能力，这也成为了他们在社交上的弱点。在桌上摆上一盆风信子，可以借着微微的清香与其优雅的花形，使水瓶座人的亲和力与配合度提升。

开运代表花草

风信子 | Hyacinth（英文名）

★科属：百合科、风信子属
★别名：洋水仙、五色水仙
★花期：3～4月

生长特征

叶子无柄，形状如同短剑，肥厚，肉质，上有凹沟，花茎从鳞茎中抽出，中空。顶生总状花序，周围密布十几朵小花朵，每朵花有6瓣，漏斗形，横向或下倾。花被筒长、基部膨大，裂片长圆形、反卷，像个卷边的小钟，由下至上逐段开放，并能散发出阵阵香味。

养护管理

浇水：风信子对水分的要求随其生长阶段的变化而变化。鳞茎生根期以稍湿润为宜，叶片生长期和现蕾开花期需充足的水分。盛花期应减少浇水量，鳞茎休眠期则应停止浇水，保持干燥。

施肥：盆栽于开花前后各施1～2次稀薄液肥。

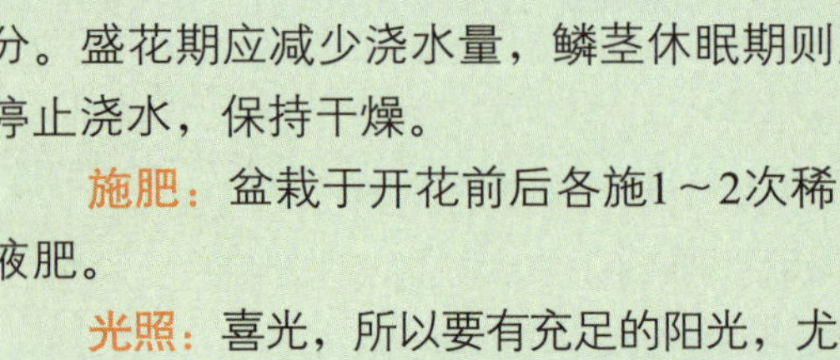

光照：喜光，所以要有充足的阳光，尤其生长发育期间宜放在向阳的地方进行养护。

介质：排水性良好且肥沃的沙质土壤。

病虫害：鳞茎或幼苗易受腐朽病菌危害，所以鳞茎收藏时要剔除受伤或有病的鳞茎，而且要注意通风。碎色花瓣病会危害花朵，可在生长期间每7天喷1次1000倍退菌特或百菌清，交替使用，可以在一定程度上抑制病菌的传播。主要容易受茎线虫病危害，可用相关药剂进行防治。

繁殖：以分球繁育为主，而且多通过鳞茎切割来生发子球。

修剪：开花后及时剪去残花梗，以促使鳞茎生长。

双鱼座 好寓意带来好运

星座分析

★星座时间段：02/19～03/20　★可选择的开运花草：灯心草、猪笼草、吊金钱

双鱼座的人极具情绪化和感性。处在这个星座的人在职场上是标准的老好人，容易被人加上犹豫不决的评价，让人不敢对其赋予重任。吊金钱有着浪漫而优雅的外形，正好与双鱼座人的特质不谋而合，是最为速配的幸运植物，再加上吊金钱招财的象征，能够提升双鱼座人在职场上的专注力和积极度，使他们的加薪、升迁变得易如反掌！

开运代表花草

吊金钱 | Ceropegia woodii（拉丁名）

★科属：萝摩科、吊金钱属
★别名：心心相印、可爱藤、吊灯花
★花期：两个花期，4～5月及9～10月

生长特征

吊金钱为多年生肉质变形草本植物。茎细长下垂，节间长2～8厘米；叶肉质对生，或心形或肾形，叶面暗绿色，叶背淡绿色，叶面上有白色条纹；花为粉红色或淡紫色，花蕾期形状似吊灯，盛开时为伞形。

养护管理

浇水：旱力较强，浇水以盆土“见干见湿”为佳。夏季每隔2～3天浇水1次，春、秋两季每隔3～5天浇水1次，冬季寒冷，要控制浇水，半个月左右浇水1次即可。

施肥：生长旺季每隔半月左右施1次氮、磷、钾相结合的稀薄液肥或花肥。气温高的季节，吊金钱几乎停止生长，所以要停止施肥。

光照：喜光且耐阴，阳光充足或半阴条件下皆可良好生长。春、夏、秋三季适宜放置在室内有较充足的散射光处，冬季最好将其放置于室内阳光充足处。

介质：比较适合栽种在疏松肥沃、排水性良好的腐殖质土壤中。

病虫害：吊金钱适应性强，易于管理，只要控制好温度、湿度、光照，及适当地施肥，就很少会有病虫害发生。

繁殖：吊金钱可以采取扦插法和分株法两种繁殖方法。可从中选取健壮茎枝剪成10～20厘米长的插穗，插于培养土中进行扦插繁殖。

修剪：盆栽吊金钱以悬挂垂吊密布如帘为美观，所以要进行摘心和修剪才能使其生长繁盛。

紫微灵动数开运吉祥花草

什么是紫微灵动数

什么是紫微灵动数呢？紫微灵动数是将紫微斗数中的“十八飞星四化论”加以简化的改良版，可以直接从主星曜中的生克关系来分析，只要从个人出生的农历天干（也就是农历年次），就能了解人的财富、智慧、权力和桃花等运势，例如：1973年出生者紫微灵动数即为3，其他依次类推（具体如下表）。紫微灵动数跟花草的布置具有一定的关系，我们可以通过摆放一些花草来为自己调整运气，使自己的事业更加顺利。当然，上述表述文字不具备科学性，我们也不是强调摆放花草一定就能转运，而是通过花草使大家多一些茶余饭后的谈资及养殖花草的趣味性，保持一个愉快的心情。心情好，自然好运来 。

出生年次（农历）	紫微灵动数
59、69、79、89	9
58、68、78、88	8
57、67、77、87	7
56、66、76、86	6
55、65、75、85	5
54、64、74、84	4
53、63、73、83	3
52、62、72、82	2
51、61、71、81	1
50、60、70、80	0

紫微灵动数 9

开运解析

★开运植物：火焰形叶脉纹路　★可选幸运花卉：秋海棠、彩叶芋

灵动数为9的人本命中就是具有掌管钱财、官禄的热情澎湃的“太阳星”，如果能加强太阳星的能量，就能使财源滚滚而来。所以，叶色火红、叶纹呈不规则色彩的秋海棠是最适合的盆栽。

开运代表花草

秋海棠 | Begonia evansiana（拉丁名）

★科属：秋海棠科、秋海棠属
★别名：相思草、断肠草、八月春
★花期：4～11月

生长特征

秋海棠为多年生草本或木本植物。茎绿色，节部膨大多汁。其有根茎或块状茎。叶互生，有圆形或两侧不等的斜心脏形，色红或绿，或有白色斑纹，背面红色。花顶生或腋生，聚伞状花序，花有白、粉、红等色。

养护管理

浇水：最好见干即浇，一次浇透，但切忌积水。浇水时要特别注意不可将水直接淋到叶片上，也要尽量避免淋雨，以免由于积水而导致叶片腐烂。

施肥：栽培前要施足基肥，当叶片发红、植株生长缓慢时就应追加肥料，但肥料宜淡不宜浓。秋海棠在幼苗发棵时宜施氮肥，开花后应施磷肥，开花期一般1周需少量添加1次肥液。

光照：喜半阴，忌阳光直射。夏季要特别注意遮阴，且增加通风。最好选择有散射光照射且空气流通较好的地方。

介质：适宜在含有腐殖质且疏松透气性较好的微酸或中性沙质土壤中生长。

病虫害：秋海棠在高温高湿环境中，极易出现斑点细菌病，一经发现须及时摘掉病叶烧毁，并用波尔多液喷洒进行防治。虫害主要有蚜虫与红蜘蛛，可用40%氧化乐果1000～1200倍液喷洒。

繁殖：秋海棠繁殖方法因类型不同而有别，主要有播种、扦插、分块茎等方法。

修剪：秋海棠分枝较多，平时要注意把较密或过于瘦弱的枝条剪掉。待开花后，除留种株外，其余应打顶摘心，以控制株形，促进分枝生长。

紫微灵动数 8

开运解析

★开运植物：叶形多角的蔓藤　★可选幸运花卉：非洲堇、常春藤

灵动数为8的人，本命中带有“武曲星”，这颗星本身就是一颗财星。一般来说只要是圆形的花木都可提升武曲星的能量，所以，有棱有角，又带圆状的常春藤叶形，最能为灵动数为8的人带来福运。

开运代表花草

常春藤 | Hedera helix（拉丁名）

★科属：五加科、常春藤属
★别名：土鼓藤、钻天风、三角风
★花期：9～11月

生长特征

常春藤为常绿攀援藤本。茎枝有气生根，幼枝被鳞片状柔毛。叶互生，2裂，革质，具长柄；营养枝上的叶三角状卵形或近戟形，长5～10厘米，宽3～8厘米，前端渐尖，基部楔形，全缘或3浅裂；花枝上的叶椭圆状卵形或椭圆披针形，长5～12厘米，宽1～8厘米，前端长尖，基部楔形，全缘。伞状花序单生或2～7个顶生；花小，黄白色或绿白色；子房下位，花柱合生成柱状。果圆球形，浆果状，黄色或红色，花期为5～8月。

养护管理

浇水：常春藤喜湿润，生长期要对其多浇水，夏季炎热时，还要经常在其叶片上喷水。每次浇水要等盆土干了再浇，须一次浇透。盆土中不要有积水，以免烂根。

施肥：一般夏季和冬季不要施肥。施肥时切忌偏施氮肥，否则花叶面上的花纹、斑块等就会褪色。氮、磷、钾三者的比例以1：1：1为宜。生长旺季也可向叶片上喷施1～2次0.2%的磷酸二氢钾液，这样会使叶色显得更加美丽。

光照：喜光照，但要避免长时间直晒。

介质：培植土要偏酸性，并要有较好的透气性。

病虫害：病害主要有藻叶斑病、炭疽病、细菌叶腐病、叶斑病、根腐病、疫病等。虫害以卷叶螟虫、介壳虫和红蜘蛛为主。

繁殖：常春藤主要采用扦插法和分株法进行繁殖。扦插时，一般剪取长约10厘米1～2年生的枝条作插条，将其插在粗沙等基质盆中培养即可。

修剪：小苗上盆长到一定高度时要注意及时摘心，以促使其多分枝，其株形才会显得丰满。

紫微灵动数 7

开运解析

★开运植物：叶长的观叶植物 ★可选幸运花卉：黄金万两、彩叶凤梨

灵动数为7的人，都蕴涵着和谐的人气之星“右弼”，因此，这类人向来能歌善舞，懂得人际之间的互动相处，但有时思虑太多，过于畏首畏尾。叶长且稳重的彩叶凤梨，就能为灵动数为7的人带来自信，使他们的执行力得到提升。

开运代表花草

彩叶凤梨 | Neoregelia carolinae（拉丁名）

★科属：凤梨科、彩叶凤梨属
★别名：贞凤梨
★花期：无花期

生长特征

彩叶凤梨为多年生常绿草本植物，株高20～30厘米，扁平莲座状，叶丛外张，叶片宽而薄，呈披针形，边缘有细齿，亮绿色，叶丛中央的叶片在开花前逐渐转变为粉红色而后又变为鲜红色。花序有亮红色苞片，花呈白、蓝、紫等色交相辉映，有白边。

养护管理

浇水：彩叶凤梨喜湿，一般要在夏季炎热时，需每天浇透水，还应给叶片喷洒水。冬天则要适当控制浇水，以保持盆土不干不湿即可。

施肥：在生长期，应每半月施1次复合花肥或化学液肥，在浓度不高的情况下，也可以进行叶面施肥，因为如果肥料浓度过高而又积累在植株茎部会对叶片有所损害。

光照：彩叶凤梨比较喜光。平时应放置在明亮的环境下，如果所处位置太暗，会影响其色彩的充分表现和生长，但夏季时千万不能让太阳直射，以免其叶片被灼伤。

介质：适宜在疏松肥沃、排水性良好的沙质土壤生长。

病虫害：彩叶凤梨的主要易受叶斑病的危害，可每半月喷洒1次1000倍波尔多液或50%多菌灵可湿性粉剂1000倍液喷洒。易遭受粉虱、介壳虫和蓟马的危害，可用稀薄的洗衣粉液或40%氧化乐果乳油1000倍液喷杀。

繁殖：彩叶凤梨的繁育以分株法繁殖为主。在夏季时，可在植株的基部切几个蘖芽，扦插于培养土中，40天即可上盆。

修剪：平时不用特意修剪，只需及时除去老叶和黄叶即可。

紫微灵动数 6

开运解析

★开运植物：叶长而方的木本植物　★可选幸运花卉：苏铁、菩提树、天堂鸟

灵动数为6的人，主星是阴柔的太阴星，这类人在个性上容易三心二意，拿不定主意，大型植栽菩提树正好能弥补灵动数为6的人的软弱个性，是最为速配的幸运盆栽。

开运代表花草

菩提树 | Bo tree（拉丁名）

★科属：桑科榕属
★别名：神圣的无花果
★花期：无花期

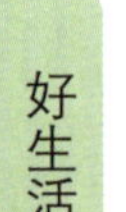

生长特征

菩提树为桑科榕属常绿大乔木。树冠巨大，树皮为黄白色或灰色，平滑或微具纵棱，冠幅广展；树干凹凸不平。树枝有气生根，下垂如须。单叶互生，呈心形或三角状阔卵形，具叶柄，全缘波状，革质，卵圆形或三角状心形。花生于叶腋，基本不见其真面目。花无总梗，扁球形。雌雄同株，雄花很少。

养护管理

浇水：需遵循“见干见湿，一次浇透”的原则。盛夏除正常浇水外，需多喷水；秋、冬两季则逐渐减少浇水；夏季2～3天干透后再浇水；冬季可1周浇1次。

施肥：幼苗需每年春季换盆，补充新鲜的肥沃土壤，改换大盆。成年植株每2～3年换盆1次。生长期每2周施肥1次。

光照：喜温暖多湿、阳光充足和通风良好的环境。尤其冬季室内栽培要求阳光充足和通风良好。

介质：以肥沃、疏松的微酸性沙壤土为佳或者用原田土与腐叶土，松针土亦可。

病虫害：病害常会发生黑霉病和叶斑病，可用200倍波尔多液喷洒1次。虫害主要为介壳虫中的糠蚧和吹棉蚧，这两种介壳虫都是属刺吸式害虫，其体外有一层蜡膜，故一般的杀虫剂对其效果均不佳。用吡虫啉或吡虫啉的改良剂，如万里红稀释3000倍喷雾可灭杀。

繁殖：常用扦插法繁殖。扦插以4～6月为宜，选取顶端嫩枝，长20厘米，留2～3片叶，下部叶片剪除，剪口要平，剪口常分泌白色乳汁，用温水洗去，稍晾干后再扦插，插后30天能生根。

修剪：整枝修剪可于冬季进行，以维持树形美观。

紫微灵动数 5

开运解析

★开运植物：叶片方中带圆　★可选幸运花卉：薄荷、黄金葛

灵动数为5的人，其主星为“天同星”，在它的水元素的引动下，应多使用蓝色、白色的配件，或是方中带圆的东西，所以叶圆脆绿的薄荷正好成为提升灵动数为5的人的幸运花卉，因为它可补强灵动指数为5的人的性格中所欠缺的部分。

开运代表花草

薄荷 | Mint（英文名）

★科属：唇形科、薄荷属
★别名：苏薄荷、水薄荷
★花期：8～10月

生长特征

薄荷为多年生草本植物，株高10～80厘米。茎方形，被逆生的长柔毛及腺点。单叶对生，叶柄长2～15毫米，密被白色短柔毛；叶片长卵形至椭圆状针形，长3～7厘米，前端锐尖，基部阔楔形，边缘有细尖锯齿，密生缘毛，上面被白色短柔毛，下面被柔毛及腺点。花为淡紫色，叶子散发清凉的香味。

养护管理

浇水：植株生长初期和中期均要求水分较多。特别是生长初期，根系尚未形成，需水较多，一般15天左右浇1次。给薄荷浇水不用等盆土干燥，微潮时便可浇水。

施肥：在苗高10～15厘米时需追肥2次。

光照：薄荷喜温暖潮湿、阳光充足、雨量充沛的环境。根茎在5℃～6℃就可萌发出苗，其植株最适生长温度为20℃～30℃。

介质：土壤以疏松肥沃、排水性良好的沙质土壤为好。

病虫害：薄荷的病虫害主要有斑枯病、锈病等。若发生斑枯病要及时摘除病株并将其深埋或烧毁，减少浸染源，也可用120倍的波尔多液喷洒，或用65%代森锌500倍液叶面喷雾；锈病应在发病初期用15%粉锈宁可湿性粉剂 1000倍液或40%多菌灵胶悬剂800倍液喷雾。虫害主要有银纹液蛾，可用90%敌百虫1000倍液或2.5%溴氰菊酯、或20%杀灭菊酯1500倍液喷雾。

繁殖：主要有分株繁殖方法，具体可选择健壮母株，使其匍匐茎与地面紧密接触，待茎节产生不定根后，将每一节剪开分栽即可。

紫微灵动数 4

开运解析

★开运植物：叶片厚实的植物　★可选幸运花卉：芦荟、非洲堇

灵动数为4的人，其主星为天机星，它带有大地的元素，因此，厚实且多肉的植物与灵动数为4的人有很好的谋合，在运势上也能有所补强。

开运代表花草

芦荟 | Aloe（拉丁名）

★科属：百合科、芦荟属
★别名：油葱、象鼻草、龙角、乌七、狼牙掌
★花期：春、夏季

生长特征

芦荟为常绿多肉质草本植物，叶簇生，呈座状，叶呈披针形或短宽叶，叶头较尖。有些叶片上有白色斑点，且斑点明显。边缘有尖齿状刺。花序为伞形、总状、穗状、圆锥形等，色呈红、黄或有赤色斑点，花瓣6片，雌蕊6枚。花被基部多合成筒状。

养护管理

浇水：芦荟喜湿耐旱，春秋两季生长旺盛，一般5～7天浇水1次。夏、冬两季，由于气候温度的变化，浇水方法有所不同。夏季，由于温度高，水分蒸发量大，应适量缩短浇水时间，但不要选择在烈日高温下浇水，应选择早晚温度较低的时候浇水或往叶片上喷洒适量水分。冬季时，由于温度的原因，芦荟的生长受到抑制，应尽量少浇水，一般15～20天浇1次，保持盆土适当干燥，有利于芦荟安全越冬。

施肥：盆栽芦荟幼苗时，只要施足底肥，生长期则无须另外施肥。生长成熟、较为繁茂后，为保证持续旺盛生长，每隔2～3个月施加一些三元素复合肥或堆肥即可。

光照：芦荟多喜光照，在生长季节最好置于室外通风和光照好的地方，但炎热的季节要适当遮阴，冬季只需放在温度高于5℃向阳的地方即可安全越冬。

介质：以排水良好、肥沃疏松的沙质土壤为佳。

病虫害：芦荟常见病害主要有炭疽病、褐斑病、叶枯病、白绢病及细菌性病害等。病害发生后，用托布津、瑞毒霉等直接施用即可控制病害蔓延。虫害有介壳虫和粉虱，可用40%氧化乐果乳油1000倍液喷杀。

繁殖：常用分株法或扦插法进行繁殖。

紫微灵动数 3

开运解析

★开运植物：不规则叶形植物　★可选幸运花卉：薰衣草、巢蕨

灵动数为3的人在“廉贞星”的影响下，无论在哪一方面都较其他人来得更有热忱、更有冲劲，但经常因为冲过了头会显得过于招摇，如果选用一株巢蕨就能使灵动数为3的人的人际关系处于无后顾之忧之境，那自然是再好不过了。

开运代表花草

巢蕨 | Neottopteris nidus（拉丁名）

★科属：铁角蕨科、巢蕨属
★别名：鸟巢蕨、山苏花
★花期：无花期

生长特征

巢蕨为多年生草本植物，根状茎粗短直立，顶端密生着深棕色的纤维状条形鳞，边缘环状丛生着叶片，斜面辐射，茎顶中空如鸟巢状。叶片呈带状，阔披针形，长100～120厘米，宽10～15厘米，两面光洁，革质，无毛，全缘，具有软骨的边；中脉粗状，向两面突起，为紫黑色；侧脉二叉或单一，近平行，叶端呈尖形，时基渐窄，叶柄2～3厘米。孢子囊群呈狭条形，生长于叶背上部侧脉处，向叶缘延伸1/2，成熟时为褐色。

养护管理

浇水：巢蕨属于喜湿植物，对水分有着较高的特殊要求，故在生长期要经常检查水肥的情况。在盆土不积水的情况下，要及时浇水，平时也要保持盆土80%的湿润，遇到高温天气时，还要每天向叶片及周围喷水。

施肥：在生长季节，要每隔20天左右施1次肥，每年施4～6次肥就可以了。

光照：巢蕨喜半阴的环境，平时养护时，要遮去50%左右的阳光，不宜让阳光直射。冬天最好能放在温室或房间内向阳处，使其能够接受充足的阳光。

介质：常用山泥、塘泥掺拌适量碎木偶为培养介质。

病虫害：巢蕨的病害主要是炭疽病，可在发病初期用50%多菌灵可湿性粉剂500倍液喷洒来进行防治。虫害主要有介壳虫和红蜘蛛，可用40%氧化乐果乳油1000倍液来喷杀。

繁殖：巢蕨的繁殖以分株法为主，宜在春末夏初进行。

修剪：适时剪除枯萎枝叶，以保持株形美观。

紫微灵动数 2

开运解析

★开运植物：叶形特殊的植物　★可选幸运花卉：凤梨、金心巴西铁树

灵动数为2的人，本身带有“破军星”，所以，有水的特质，因此开运植物也最好有水性的元素，金心巴西铁树就是相当好的选择，有助于其改善浮躁的性格。

开运代表花草

金心巴西铁树 | **Dracaena fragrans**（英文名）

★科属：百合科、龙血树属
★别名：中斑香龙血树、金心香龙血树
★花期：秋、冬两季

生长特征

金心巴西铁株形比较规整，叶子簇生于根茎部，长40~90厘米，宽6~10厘米，有尖，但稍显钝，叶子边缘为鲜绿色，呈波浪状，中间有亮黄色或乳白色条纹。

养护管理

浇水：金心巴西铁虽喜湿，但对水分的需求量并不高，10天左右浇1次水即可。

施肥：种植初可通过向土壤中埋有机肥来施肥，2周之后再施有机、无机混合肥。生长期每半月向叶面喷施1次稀释100倍的营养液。冬季施肥量则要减半或停肥。

光照：金心巴西铁树喜光也耐阴，但夏季忌阳光直射，要置于阴凉处；冬季则放在室内阳光充足的地方。

介质：喜肥沃且排水性良好的土壤，腐叶土和粗沙就比较适合。

病虫害：病害主要有叶斑病和炭疽病，可用70%甲基托布津可湿性粉剂1000倍液喷洒。虫害主要是介壳虫和蚜虫，可用40%氧化乐果乳剂1000倍液进行喷杀。另外，还常有天牛等害虫蛀心或咬蚀皮层，造成植株腐心和脱皮致死，一旦发现，可用50%敌敌畏800~1000倍液来灌注或喷杀。

繁殖：金心巴西铁主要通过扦插法进行繁殖，可土插也可水插。土插，就是将从老株上修剪下的枝干截成8~10厘米长的小段，然后插入以粗沙和蛭石为介质的插床上，保持一定湿度即可生根。水插，就是将切下的茎段插入水中，上端为　防止蒸发可涂上蜡脂，下端浸入水中2~3厘米即可。常换新水，1个月后即可生根。

修剪：金心巴西铁栽种时间长的话，植株会变得过于高大，茎下部的叶片也会脱落，影响植株外形，所以要适当修剪茎下部的叶子。

紫微灵动数 1

开运解析

★开运植物：丰厚的多肉植物 ★可选幸运花卉：仙人掌、石莲花

灵动数为1的人，由于有“天梁星”的领导，所以在行事上通常成熟可靠，其最佳的幸运植物为丰厚多肉的仙人掌，借其肥润饱满的外观，自然能弥补天梁星个性上的缺点。

开运代表花草

仙人掌 | Opuntia stricta

（拉丁名）

★科属：仙人掌科、仙人掌属
★别名：仙巴掌、霸王树、火焰、火掌、玉芙蓉
★花期：6～7月

生长特征

仙人掌为肉质多年生植物，茎下部稍木质，近圆柱形，上部肉质、扁平、绿色、有节；每节卵形至矩圆形，光亮，散生多个瘤体，每一小瘤体上密生黄褐色卷曲的柔毛，并有利刺。叶肉质细小，披针形，前端尖细，紫红色，基部绿色，生于每个小瘤体的刺束之下。花黄色，单生或数朵丛生于扁化茎顶部边缘。浆果，肉质，卵圆形。

养护管理

浇水：春季随着气温升高，可适当增加浇水次数，一般不干不浇，浇则浇透。夏季气温高，一般每隔3～5天就需浇水1次，当气温上升到30℃以上时，为了保持茎片膨大，增加观赏性，每天早晚最好向仙人掌茎片喷水1～2次。进入冬季后浇水量逐渐变小，大约每隔20天左右浇1次水。浇水的时间选在气温较高的中午为宜。如果室内比较干燥，可采用叶面喷水，以保持茎片翠绿，待植株进入休眠期后，可停止浇水。

施肥：在植株移入花盆前或翻盆时施入基肥于盆土中，基肥以长效有机肥料为主，多用干肥。追肥则在生长发育期进行，通常以各种速效化学肥料为主，有固态肥，也有液态肥。固态肥作根部追肥，液态肥作叶面喷肥，也可作根部追肥用。

光照：喜光，应在光照充足的地方养殖。如果光照不足，则要注意提高养殖空间的温度。

介质：培植土要偏酸性，并要求较好的透气性。

病虫害：红蜘蛛、介壳虫、线虫及各种病斑。

繁殖：利用仙人掌种子进行播种繁殖，还可采取扦插、嫁接、分株等无性繁殖法。

修剪：无须修剪。只要将烂根、染病的部分及时剪掉即可。

紫微灵动数 0

开运解析

★开运植物：蓝、紫、黑色系盆栽。　★可选幸运花卉：薰衣草、绿宝石

灵动数为0的人，本身在五行中带有水，属水的色系，所以选择蓝、紫、黑色系盆栽都能帮助灵动数为0的人提升正面能量，也同样能为灵动数为0的人带来好运。

开运代表花草

薰衣草 | Lavender（英文名）

★科属：唇形科、薰衣草属
★别名：灵香草、香草、黄香草
★花期：6月～8月

生长特征

薰衣草为多年生草本植物。丛生，多分枝，直立生长，株高依品种不同高30～40厘米、45～90厘米不等，叶互生，椭圆形披尖叶，或叶面较大的针形，叶缘反卷。穗状花序顶生，长15～25厘米；花冠下部筒状，上部唇形；花长约1.2厘米，有蓝、深紫、粉红、白等色，全株略带木头甜味的清淡香气，因花、叶和茎上的茸毛均藏有油腺，轻轻碰触油腺即会破裂而释放出香味。

养护管理

浇水： 土壤干燥，叶子轻微萎蔫时浇水即可。浇水最好在早上，尽量避开阳光，且不要将水溅到叶子及花上，否则易腐烂且滋生病虫害。

施肥： 每3个月添加适量骨粉充当基肥，成株后应再施用磷肥较高的肥料，但不宜施用太多。

光照： 薰衣草喜充足的阳光。冬季全日照自然生长即可，夏季则应至少遮去50%的阳光，以防止灼伤，并增加通风以降低环境温度。

介质： 适宜微碱性或中性且排水性良好的沙质土。也可将1/3的珍珠石、1/3的蛭石、1/3的泥炭苔混合后使用。

病虫害： 薰衣草的病虫害较少，但有时会出现根腐病。虫害主要是红蜘蛛和蚜虫。在每年7月上旬割花后，可用阿维菌素3000倍液喷洒一次即可防治。

繁殖： 薰衣草的繁殖方法主要有播种法、扦插法。

修剪： 开完花后必须将植株修剪为原来的2/3，以利于生长。

专题 十二生肖聚气植物开运法则

属相	个性解析	五行	主运色	示范植物	开运植物
鼠	极富幽默感及观察力	属水	白色	金钱树	黄金万两、菠萝花、茉莉花、金钱树
牛	拥有强韧、坚忍的个性	属土	红色	天竺葵	绒叶菠萝、彩叶草、紫色幸运草、天竺葵
虎	心思敏锐且具有远见	属木	嫩绿色	马拉巴栗	巴西铁树、小叶懒仁、凤凰木、马拉巴栗
兔	个性向来主动又积极	属木	褐色、深绿色	水芙蓉	铜钱草、萍蓬草、金鱼藻、水芙蓉
龙	拥有开朗又活泼的特质	属土	亮红色	秋海棠	彩叶草、仙客来、矮仙丹、秋海棠
蛇	相当具有自我主张	属火	绿色	小品榕树	马拉巴栗、大花紫薇、小品榕树

（续表）

属相	个性解析	五行	主运色	示范植物	开运植物
马	开朗又有效率的行动派	属火	红棕色	火鹤	九重葛、红色郁金香、仙丹花、火鹤
羊	个性谨慎又细心	属土	深绿色	石槲兰	蝴蝶兰、日月樱、石槲兰
猴	大脑发达、聪明伶俐，反应快的点子王	属金	白色	合果芋	佛手芋、九重葛、合果芋
鸡	对时尚、流行感受敏锐	属金	青绿色	罗汉松	扁柏、绿宝石、竹柏、罗汉松
狗	个性认真负责又勤勉	属土	红棕色	玫瑰	五彩千年木、水丁香、玫瑰
猪	属于大器晚成型	属水	紫色	薰衣草	鼠尾草、紫色紫薇花、薰衣草

Part8

第八章

有毒花草谨慎养

家中摆放花草，不仅能美化居住环境，还有净化空气、驱虫杀菌、吸收有害气体、调节室内湿度等作用。然而，花草虽然美丽，但不是所有的花草都能“登堂入室”，因为有些花草本身就有毒，这样的花草入室种养只会给健康带来极大隐患，尤其对过敏性体质者、病危患者和孕妇等特殊人群的危害性更明显。故有毒花草一定要慎养。那么，哪些花草是有毒的呢？又该如何养殖呢？本章一一为你解答。

• Poinsettia（英文名）

一品红

★科属：大戟科、大戟属

★别名：象牙红、老来娇、圣诞花、猩猩木

★花期：11～12月

生长特征

一品红为常绿灌木。单叶互生，卵状椭圆形，全缘或波状浅裂，有时呈提琴形，顶部叶片较窄，披针形；叶被有毛，叶质较薄，脉纹明显；顶端靠近花序之叶片呈苞片状，开花时红色。杯状花序聚伞状排列，顶生；总苞淡绿色，边缘有齿及1～2枚大而黄的腺体。

养护管理

浇水：一品红的浇水要适量，新芽开始萌发时蓄水量较少，夏天植株枝叶茂盛，蒸发量大，可1天浇2次。插条生根期间叶面喜水，可喷水在叶面上，其他时间叶面以干燥为佳。

施肥：生长期可以每半个月施肥1次，一般在花芽分化前2周可对每株补充1茶匙可溶性肥料。如果到了冬季，肥料浓度则要降低一半。

光照：一品红为短日照植物，生长期茎叶都需要充足的阳光。

介质：对土壤的要求不严，但以疏松肥沃、排水性良好的沙质土壤为佳。

病虫害：一品红常见的病害主要有灰霉病、根腐病、叶斑病。常见的虫害主要有白粉虱、红蜘蛛、蓟马、介壳虫、蚜虫等，可用氧化乐果等药剂或杀螨剂等来防治。

繁殖：一品红的繁殖以扦插法为主。扦插时间可选在春末气温稳定回升时。扦插时，可用花钳剪下一些成长性比较好的花枝，每3节截成1段进行扦插；或于5月下旬至6月上旬利用嫩枝扦插，每段必须带有2枚剪去1/2的叶片。剪插条时，剪口处常会流出白色乳汁状液体，可用草木灰或硫磺粉封住，并放置阴干1～2天，待剪口干燥后再将其插入细沙中，1个月后即可生根。

修剪：当一品红的主干长到10厘米高时可将上部剪除，使其长出侧枝来。

布置应用

一品红是冬季开花的植物，此时正值百花凋谢时，这样就可以将一品红布置在公共场所，使厅堂、场馆熠熠生辉。

养护问答

Q 常见一品红被做出成弯造型，那是如何做出来的呢？

A 一般情况下，做弯造型时宜在枝条长到18厘米左右时才能开始。做弯造型的前两天一般不要浇水。具体操作的时间宜选在下午6时左右，这主要是因为一品红经过一天的暴晒后，枝条的含水量相应减少，枝条就会发软，适宜弯曲。做弯造型时可用细绳把枝条拉成弓形，并予以固定即可。尔后可以隔一段时间按不同的方向做弯1次，再把枝条扭绑成左右盘旋的螺旋状，使植株变矮。最后一次做弯可选在开花前的20天左右。应注意的是，要把强枝放在周围，弱枝放在中间，这样株形就会丰满美观。

Q 一品红在叶枯、花谢后进入休眠期该如何管理？

A 一品红在花开过后，叶子也会枯萎，这时进入了休眠期。在有些人看来，一品红是不是死掉了呢？其实，这并不是死亡，若管理好了，明年依然会开花。那么就需要将其放在温暖的地方越冬，等到清明前后，再将花盆搬到室外，枝条留地上部分长约10厘米，其余剪去。然后翻盆，剪去部分老根，换土，浇水，放在阳光充足处，按常规养护，施肥1～2次，不久后，新枝就会从老茎上萌芽长叶。

Q 对一品红插条进行移植后，如何才能避免插条受到高温胁迫呢？

A 移植后，最重要的是对插条进行遮阴。将插条从低光照环境移植到高光照环境之后需要给它一个适应时期。如果温度很高却没有对插条进行遮阴时，会导致烧叶或者新叶变形的现象发生。此时，就应该调整灌溉安排，可在一天中温度最高的时候进行浇水，这样经过冷水刺激后，根际周围的就会变凉，减少了幼苗所受的压力。如果植株在早晨需要水，不要因为怕浇灌过度而等到下午才进行浇水。而应在早晨对植株也进行浇水，然后再在一天中温度最高的时候用冷水对植株进行浇灌即可。

Q 一品红为什么会出现叶黄脱落的现象？

A 如果确定没有什么病虫害的话，那么一品红叶黄脱落很可能就是是由浇水不当所造成的，这包括盆土水分缺乏或者时干时湿。因此，一定要注意浇水量的度。另外，水分太充足，茎叶又会生长太迅速，有时会出现节间伸长、叶片狭窄徒长的现象。

Q 一品红毒在何处？如何避免中毒？

A 一品红全株基本上都有毒。茎叶里的白色汁液会刺激人的皮肤，引起过敏反应。如果不小心误食会出现呕吐、腹痛等症状。要想避免中毒，只要避免折断枝叶，不要让身体的破损处接触一品红就行。实际上，家庭种植只需稍加注意，一般是不会危害到健康的。

Q 一品红修剪应注意什么？

A 一品红修剪的过程中，要将以后再发出的新芽随时摘除，一般中等花盆留5～7个芽即可，每个芽长出1个枝条，每个枝条顶端开出一个花，会看起来比较好看。如果留芽过多，枝条会变得细弱，花朵极小，会失去观赏美感。

• *Anthurium andraeanum*
（拉丁名）

火鹤花

★科属：天南星科、花烛属

★别名：红鹤芋、红掌、花烛、安祖花

★花期：2～7月

生长特征

火鹤花为多年生草本植物，茎为根茎，叶从根茎抽出，长柄，单生，叶为心形，鲜绿色，叶脉凹陷。花腋生，佛焰苞蜡质，形状有正圆形或卵圆形，颜色有鲜红色、橙红肉色、白色，圆柱状肉穗花序，直立。

养护管理

浇水：从10月至翌春3月应适当控制浇水，其他时间浇水要充足，否则影响开花。保持干湿相间即可，切忌盆内积水而引起烂根。

施肥：生长期间每月施1～2次氮、磷结合的薄肥，或进行根外追肥。

光照：喜半阴、怕强光，故夏季宜放置在室内北向窗台上养护，春、秋季节宜放置在南窗台上养护。

介质：盆栽宜选用腐叶土、苔藓并加少量园土和木炭及过磷酸钙的混合基质，总之要疏松肥沃，亦可进行无土栽培。

病虫害：火鹤花常见病害主要是细菌性枯叶病、根腐病等，预防到位则可减少发病率，可每隔1个月左右用小壶喷杀菌剂1次。常见虫害有蓟马、蛾类幼虫、介壳虫等。一般要在发病初期进行喷药防治措施，通常防治上述害虫的药剂有：三氯杀螨醇、遍地克、氧化乐果和氟氯菊脂等。

繁殖：火鹤花多用分株法、分茎法及组培法繁殖，也可用种子育苗。分株常于早春结合换盆进行，将成龄植株自然萌生的子株切离母体再另行栽植即可。分茎在20～30℃的气温下进行，将较老的根茎切破，带芽及少量根，再另行栽植，可萌发成新株。

修剪：及时修剪黄叶、老叶、病叶等，以防传染给其他健康的叶片。

布置应用

火鹤花热情奔放，有欢乐祥和之意，可置于客厅、会议室等地方，也可在室外种植。

养护问答

Q 火鹤花的哪些部分有毒？

A 火鹤花的香味是没有毒的，有毒的部位是花蕊周围的佛焰苞，一旦误食，嘴里会感觉又烧又痛，随后会肿胀起泡，嗓音变得嘶哑，并且吞咽困难。多数这种症状会随着时间流逝而减轻直至消失。火鹤花很适合在室内摆放，装点居室，至于有毒，其实只要注意不误食、接触后不忘洗手就可以了，还要注意要将其放置到孩子够不到的地方，以防孩子误食。

Q 火鹤花生介壳虫和蓟马虫时有哪些特征？防治方法是什么？

A 介壳虫的特点是经常在叶背活动，危害严重时容易在叶面上诱发一层黑霉，用手摸后比较黏，不易擦掉。防治介壳虫的方法是将少许洗衣粉溶解在水中，用软布蘸洗衣粉水轻擦叶面及叶背，擦掉后再用清水擦拭一遍，以避免洗衣粉残留在叶片上。而蓟马虫则为细长的小黄虫，爬得很快，经常侵袭幼嫩的花梗、叶梗、佛焰苞，被它危害后的叶片展开是红色的，叶梗、花梗不光滑，凹凸不平，佛焰苞展开是畸形的。喷施600～800倍液的康福多可。

Q 在北方如何养好火鹤花？

A 火鹤花在北方的普通家庭中不易养好，因此在栽培时要注意以下几点：

1.除冬季可置于向阳处养护外，其他季节应放在室内半阴处，以避免强光直射。

2.生长温度适宜为20℃～30℃，深秋后开始休眠，但室温不得低于15℃，忌低温和高温，高温情况下生长不良。

3.除冬季外，应经常浇水，保持盆土湿润。火鹤花喜欢较高的空气湿度，可把花盆放在盛有卵石和水的浅盆中，并经常在植株及周围地面上喷水。但开花后要避免水洒在花上。

4.盆土可用草炭土和松针土各半混合而成，也可直接使用松针土，还可加入少量腐熟的马掌或长效片肥。最好用凉开水（含钙质少）或用雨水浇灌。盆底孔要用瓦片垫好，以保证排水通畅。3～8月，每隔1～2周施1次薄肥。

5.要保持土壤呈酸性，pH值为4～5。

Q 如果冬天室温达不到那么高，火鹤花会出现什么情况？

A 火鹤花属天南星科植物，如果温度达不到首先会停止生长，这时就要引起注意了，如果温度再低会出现冻伤，会从叶子和花的边缘开始，一块块呈水渍状，半透明，然后就开始腐烂，这时再采取措施为时已晚，即使救活也需要很长一段时间的恢复期。冬天可以适当少浇水，保持土壤干燥而植株又不缺水即可，这样可以提高其抗冻能力，而极端最低温度不要低于5℃。

Q 火鹤花为什么根发黄，花和叶子打蔫？

A 火鹤花出现这种情况多半跟日常管理有关。火鹤花2个月左右就要施肥，如果缺少肥料叶子就会发黄。另外，火鹤花对温度较敏感，适宜生长温度为14℃～35℃，最适温度19℃～25℃，昼夜温差3℃～6℃，即最好白天21℃～25℃，夜间19℃左右，这样的温度有利于火鹤花对养分的吸收和积累，对生长开花极为有利。

• Euphorbia milii（拉丁名）

虎刺梅

★科属：大戟科、大戟属

★别名：铁海棠、麒麟花、虎刺

★花期：全年开花

生长特征

虎刺梅为多刺直立成稍攀援性小灌木。分枝匍匐茎，抽生出许多叶丛，每个叶丛3～6片叶，簇生于基部，叶直立生长呈剑形，前端突尖，叶面具明显的浅绿色、深绿色相间的横纹，像是虎尾一样。花梗单生，总状花序或穗状花序，小花细碎，花色为白色或淡绿色。

养护管理

浇水：浇水不宜过多，平时以盆土稍干燥为佳，若盆土长期过湿，不仅会引起烂根，还会危及植株生存。

施肥：虎刺梅不喜浓肥，生长期一般每3～4周施1次腐熟的稀薄饼肥水即可。

光照：虎刺梅喜阳，一年四季都应给予较充足的光照。

介质：对土壤要求不高，耐干旱和瘠薄，盆栽宜用沙质土壤，可用腐叶土或泥炭土加1/2的沙土和少量肥料配成。

病虫害：虎刺梅主要易受茎枯病和腐烂病危害，可用50%的克菌丹800倍液，每半月喷洒1次。虫害有粉虱和介壳虫，可用50%的杀螟松乳油1500倍液喷杀。

繁殖：虎刺梅常用扦插法繁殖，在整个生长期均可进行，但以在春末夏初其成活率最高，用来做插穗的茎段剪成7～8厘米为宜，将插穗放在阴凉处晾干，使浆汁凝固，防止乳白色汁液外溢，然后再进行扦插。插后放在阴凉处，须保持基质潮润而不过湿，2～3天后再浇水，但不要浇得过多，1个月后即可生根。

修剪：虎刺梅需及时进行修剪才能开出更多的花来，否则不但开花少，株形也不美观。每年修剪1次，在花期之后将过长的或不整齐的枝剪短即可。

布置应用

虎刺梅是常见的盆栽观叶类花卉，多用于室内装饰，可点缀窗台、案头，但要防止被刺到，尤其不要让孩子碰到。

养护问答

Q 虎刺梅的刺有毒吗？

A 是的，虎刺梅不但刺有毒，而且根、茎、叶及汁液也有毒。其含有的有毒成分是苷类和致癌物质，而且沾到白色汁液皮肤会出现红肿奇痒。由于虎刺梅有刺，所以被误食的可能性很小，而且偶尔被扎一下也是不会中毒的。

需注意的是有儿童和癌症患者的家庭不宜种植此花。

Q 如何使虎刺梅多开花？

A 虎刺梅不开花或者少开花，其原因是多方面的：温度太低，叶片全部脱落而进入休眠期，影响开花；如果长期荫蔽，也不能开花；阳光充足则花朵鲜艳，阳光不足则会导致花色暗淡。

所以想要使虎刺梅开花多，温度需在15℃以上，而且要有充足的阳光，这样即使是在冬季，依然可以开花不断。

另外，要想使其多开花，就必须恰当地修剪，增加新枝数量，否则主枝越长越长，分枝就少，分枝少开花就少。由于虎刺梅的花都开在新枝的顶端，所以可在6～7月将过长的和不整齐的枝剪短，一般在剪口处能发出两个分枝，当分枝长到5～6厘米时，即可开花。每年修剪一次，几年后整个植株就丰满匀称，缀满红花了。

Q 虎刺梅出现烂根怎么办？

A 虎刺梅属于多肉类植物，耐干旱，不耐湿，因此土壤的含水量过多是引起虎刺梅烂根的主要原因。

要解决虎刺梅的烂根问题，必须要选择排水性良好的沙质壤土，可在土壤中加入粗沙或煤渣等介质来提高土壤的排水性。平时浇水以盆土稍干为宜，夏季浇水因蒸发快可适当多浇些，但盆内不能有积水。开花期的时候也要适当控水，避免落花、落蕾。当冬季室温降到10℃以下时，叶片完全脱落进入半休眠期，水分蒸发减少，更要严格控制浇水，以保持盆土的干燥。如发现出现烂根，要马上停止浇水，将土壤扒松，让水分尽快蒸发。

出现这种情况，和因受温度与阳光的影响不开花是不一样的。这种叶茂、花无的情况多是由于施肥过多，特别是施氮肥过多造成的：枝条徒长，只长叶不开花。

所以虎刺梅施肥要适量，注意生长期的施肥，孕蕾期再增施1～2次磷、钾肥，则会花多色艳。

Q 虎刺梅光长杆不开花、掉花怎么办？

A 光长杆不开花或者掉花这种情况大多跟以下几个方面有关：

1.光照不足，制造的养分就少，虎刺梅当然就不能开花了，因为开花同样需要消耗大量营养。

2.盆土太干或积水太多，往往会使叶子发黄并脱落。

3.缺肥，如磷、钾肥可以促进开花，很多微量元素如硼，也影响开花。

4.虎刺梅应该每年修剪。因为它的分枝力弱，如果任其生长，就会只往高长，这往往会影响开花，也不美观。

• Lilium（拉丁名）

百合花

★科属：百合科、百合属

★别名：百合蒜、山丹、倒仙

★花期：春、夏、秋三季

生长特征

百合花为多年生草本球根植物。茎多为圆柱形，叶无柄或具短柄。叶片呈螺旋状散生排列，少轮生。叶片有披针形、矩圆状披针形和倒披针形、椭圆形或条形。花朵一般较大，单生、簇生或呈总状花序。花朵直立下垂或平伸，花色比较鲜艳，常靠合而成钟形、喇叭形。通常有白、黄、粉、红等多种颜色。花中的雄蕊有6枚，花丝细长，花药椭圆较大，果实呈倒卵形。

养护管理

浇水： 平时要保持盆土潮润，如果在生长旺季和天气干旱时要适当勤浇，并要常在花盆周围洒水，以提高空气的湿度。

施肥： 百合花对氮、钾肥的需求量较大，生长期应每隔10～15天施肥1次。要切记的是在施肥过程中，磷肥要限制供给，因为磷肥偏多会引起叶子枯黄。在花期时，可增施1～2次磷、钾肥。

光照： 百合花属长日照植物，但也适宜半阴环境，可以每天增加光照时间6小时，能提早开花。

介质： 百合花适宜在腐殖质丰富、排水性良好的微酸性土壤中生长。

病虫害： 百合花的病害主要包括鳞茎腐烂病、斑点病、枯叶病等。对于斑点病，可用65%代森锌可湿性粉剂500倍稀释液喷洒1次。虫害主要有蚜虫，可用氧化乐果1000倍液或25%吡虫鳞可湿性粉剂喷杀。

繁殖： 百合花繁殖的方法主要有播种繁殖和鳞片扦插繁殖。采用播种繁殖的时间宜在春天气温超过30℃时。在播种繁殖时，可用2份肥沃的壤土、1份粗沙和1份泥炭土做播种

布置应用

百合花适合摆放在厅堂里，但不要放在卧室和书房里。百合花除可观赏外，还可入药。

土，还要在其中加入过磷酸盐1克，然后根据发芽的快慢要求覆土，6个月后即可开花。鳞片扦插不受季节限制，可选择1～4年鳞茎，剥下肥大鳞片插入木制的沙床、浅盆内，45～120天后可形成小鳞茎。

修剪：花期过后应及时进行修剪。

养护问答

Q 百合花的香气有毒，如何避免呢？

A 百合花所散发出的香味，闻得时间久了会使人中枢神经过度兴奋而引起失眠。所以，百合花是不适宜摆放在卧室和书房里花卉，而且人也不要和长时间跟它待在一起。不过，百合花虽然本身散发的香气给人会带来困扰，但它能清除有害气体是不可否认的事实。

Q 百合花的食用价值有哪些？

A 百合花的花朵和鳞茎都具有很好的食用价值。百合花的鳞茎内含有丰富的营养元素，百合花的花朵特别香甜，这些都可以制做成点心和菜肴。此外，百合花还可以用来做汤，是夏日消暑的一款佳品。就目前市场上销售的百合粉、百合干来说，食用后既可消暑又能清热。

Q 如何预防百合鳞茎软腐病？

A 鳞茎软腐病是百合花最常见的病害之一。发生这种病害会直接影响到繁殖的成活率，因此，在繁殖时一定要注意预防。通常预防除了在休眠期不过量浇水外，还要注意在挖掘时不要碰伤鳞茎，待挖出后要充分使其阴干，储藏在阴凉干燥处，也可以在鳞茎挖出后用波尔多稀释液喷洒来防治。

Q 喝百合花茶有什么好处？

A 百合花的药用价值虽然不是过于明显，但是喝百合花茶却是对人有益而无一害的。主要是因为百合花中富含蛋白质、糖、磷、铁微量元素，是安心去火、清凉润肺的佳品。大家在泡百合花茶时，可先取2～3克百合花茶放进杯中，然后用开水闷泡10分钟左右即可。通常茶泡好后其色泽为金黄色，很漂亮，味甘微苦，夏日里解暑效果明显。

Q 种植百合花的最佳温度是多少？

A 百合花种植的温度在不同时期有不同的要求。通常生长期最适宜的温度为15℃～25℃，发芽期最适宜的温度为20℃左右。如果想要提前开花，就应将种球在低温储藏处理，可在8月之后将种球放于5℃左右低温储藏4～6周，到9～10月取出种植即可。

Q 百合花有哪些品种？

A 百合花在植物学上属于百合科中的百合属，共有80余种。据说百合最初发源于北极附近的岛屿上，地质史期第三纪时，随着地球变冷而逐渐南移。冰期过后，各种百合便在能够适应的环境条件下生存了下来。

目前，百合花主要分布在亚洲东部（以我国为最多，日本次之）、欧洲、北美洲等北温带地区，原产我国的有39种之多。根据百合花花朵和叶片的形态又可将其分为四组，即百合组、钟花组、卷瓣组和轮叶组。

百合组中可供观赏的种类最多，这类百合花大、花形似喇叭，多半有香味，其中最常见的有野百合、王百合、麝香百合等。

• Oleander allemanda
（英文名）

黄蝉

★科属：夹竹桃科、黄蝉属

★别名：黄莺

★花期：5～12月

生长特征

黄蝉为常绿直立灌木。其枝茎都为紫色，披有茸毛，叶子3～4片轮生，先端渐尖，形状为长椭圆形或者倒卵状披针形；聚伞花序，花腋生，花冠像一个漏斗，金黄色，冠筒细长，喉部为橙褐色，“漏斗”边上有5瓣裂片，裂片也为卵圆形。

养护管理

浇水：夏季生长期可每天浇水1～2次；到了冬季，就要减少浇水了，只需要保持盆土不干燥即可。

施肥：栽种时要施基肥；幼苗时和生长初期还要加施氮肥；开花时期更要多施磷肥和钾肥，这样可以让花开更多，花期更长。生长时期可7～10天施肥1次，其他时间一般1个月至1个半月施肥1次。

光照：喜阳光充足的环境，尤其是花期，将其放置于阳光充足的地方，开花会更多，且枝叶更繁茂。如果长期置于阴凉处，则会导致植株生命力不旺盛。

介质：适宜于富含腐殖质的土壤或沙质土壤。

病虫害：黄蝉的病害主要有锈病、叶斑病、叶枯病等，可用代森锌、粉锈宁等药来防治；虫害主要是叶螨、菜青虫等，可用吡虫啉、克螨特等药喷杀。

繁殖：主要以扦插方式来繁殖。

修剪：幼苗成活后要及时摘心，可春天进行修剪。

布置应用

黄蝉既可用于美化庭院，又可以栽培成花架，还可以入药，具有泻下导滞的作用。

养护问答

Q 黄蝉的哪个部位有毒？

A 黄蝉是一种有毒的植物，其汁液、树皮和种子都有毒，人误食后会出现腹痛、腹泻、呼吸困难、心跳加速等症状，如果不及时治疗会产生严重的后果。所以，如果在养殖过程中用手接触过黄蝉的汁液，记得一定要洗手。如果家中有小孩，一定要防止被误食，最好的办法是将盆栽放置在小孩够不到的位置。

• Garden balsam（英文名）

凤仙花

★科属：凤仙花科、凤仙花属

★别名：指甲花、透骨草、金凤花

★花期：6～8月

生长特征

凤仙花为肉质直立型植物。其叶互生，阔或狭披针形，顶端渐尖，边缘有锐齿。花生于叶腋内，形似蝴蝶，大而美丽，多为粉红色，也有白、红、紫等其他颜色，单瓣或重瓣，有白色茸毛，成熟时弹裂5旋卷的果瓣。

养护管理

浇水：在夏季，要及时浇水，可在早晨浇水1次，傍晚若发现盆土已干燥，可以再补浇1次。

施肥：盆栽凤仙花第一次施肥可在移植苗后的10天后进行，以后每周施1次即可。

光照：凤仙花喜阳光充足、空气流通的环境。

介质：对土壤的适应性强，喜疏松、肥沃的微酸土壤。

病虫害：凤仙花的病害主要有叶斑病，可用50%多菌灵可湿性粉剂500倍液来防治。其虫害主要有红天蛾，幼虫会啃食凤仙花的叶片，可用50%基硫菌灵可湿性粉剂800倍液喷洒进行防治。

繁殖：凤仙花以播种法繁殖为主，可在4月初播种，在20℃～25℃适温下1周后即可发芽，幼苗生长迅速，2～3片真叶时即可移植至盆培育。

修剪：要对植株的主茎进行打顶，这样可以增强其分枝能力，如果基部开花，要随时将其摘去，以促使各枝顶部相继开花。

布置应用

凤仙花除做花境和盆景装饰外，也可入药，有活血化淤、利尿解毒、通经透骨之功效。

养护问答

Q 凤仙花有毒吗?

A 凤仙花的花粉是有毒的，它里面含有促癌物质。一般情况，其可能不会直接导致癌症发生，但会间接致癌或使病发生癌变。因此，凤仙花不宜摆放在密闭的室内，也不要与其长时间共处一室，这样就不会给人带来伤害。此外，如果家中有癌症患者，则不宜种植此花。如果想种植此花的人，土壤里不要再种植蔬菜，以防被污染。

• Calla lily（英文名）

马蹄莲

★科属：天南星科、马蹄莲属

★别名：水芋马、慈菇花

★花期：11月至次年6月

生长特征

马蹄莲为多年生草本植物，具有肥大肉质块茎，叶基生，叶柄较长，上部棱形，下部呈鞘状折叠梳茎。叶呈卵状箭形，为绿色或有时有白色斑点，花茎高出于叶，肉质花穗为黄色，圆柱形，佛焰苞有白、黄、粉等色，宛如马蹄，故有此名。

养护管理

浇水：马蹄莲在抽芽前，应尽量保持盆土的湿润，而后可随着叶片的增多而增加浇水量；到了生长期，要多浇水，但也不宜过量；花后期宜减少浇水量，以利于休眠。

施肥：马蹄莲喜肥，可每隔10～15天施1次腐熟液肥，苗期不必施肥，生长盛期及开花期间以施磷肥为主，休眠期则停止施肥。

光照：马蹄莲喜光，但要避免烈日直射。通常在花期要保证光照充足，否则会出现只抽苞而不开花的现象。可在秋、冬、春三季中给予充足的阳光，夏季时用疏帘遮阴，避免强光。

介质：适宜腐叶土或者普通培养土再加50%的腐叶土。也可用微酸性沙质土壤（pH值以5.5～7为宜）。

病虫害：马蹄莲易生软腐病或腐烂病，防治时可先对土壤进行消毒，将有病的植株拣出并及时销毁。虫害主要有红蜘蛛和蚜虫，一旦发现，可用50%乙酯杀螨醇1000倍液或者40%的氧化乐果1000倍液喷洒，每10天1次，连续喷洒3次即可。

繁殖：马蹄莲的繁殖主要有分株繁殖和播种繁殖两种，但主要的还是采用分株法。分株繁殖宜在8～9月进行。繁殖时，可挖取母株根茎四周萌发的小芽分栽，每4～5个芽种植在一个盆里，芽一定要放正向上，然后盖上稍厚的土，再浇足一定量的水，2周左右即可生根。

布置应用

马蹄莲花茎挺秀雅致，花苞洁白形如马蹄，可以做装饰，应放在空气流通的环境中以防止烟熏情况的发生。

修剪：马蹄莲叶片寿命较短，要及时修剪。只要是新叶长出后，就要及时将黄叶剪掉。否则会因结实而消耗养分，影响以后开花。此外，花谢后也应及时剪去残花和花莛。

养护问答

Q 马蹄莲为什么特别的喜水？

A 马蹄莲喜水的特性主要表现在生长期和开花期。这两个阶段需要充分浇水以保持土壤湿润，同时，还要在盆栽四周经常洒水以保持较高的空气湿度。通常情况下，浇水量过少，叶柄就会因失水而折断。但也不能浇水太多，而让根部积水，这样会导致烂根的现象发生。此外，千万不能让肥水灌入叶鞘内，否则会使树叶茎心部腐烂。一般5月以后，马蹄莲会进入休眠期此时，要少浇水。

Q 马蹄莲被烟熏后，生长会有影响吗？

A 马蹄莲如果被烟熏过，叶片就会变黄、枯死，从而影响生长和开花。因此，千万不要摆放在煤炉做饭或取暖的房间里，避免由于烟熏而使其死亡。

Q 马蹄莲有毒，如何避毒免害？

A 马蹄莲花朵是有毒的主要部位，其内含大量的草酸钙结晶和生物碱等，所以，不要随意触摸花茎切口及误食，以防毒素入口而引起昏迷等中毒症状。一般来说，只要不破坏马蹄莲，就不会对人造成危害。

Q 马蹄莲夏季如何管理？

A 马蹄莲为夏眠花卉，4～5月份花开后叶片就会逐渐萎黄，这实际上是正常的生理现象。叶片枯黄后应将盆侧放，以免淋雨，促其休眠。入夏后倒盆取出球根，储藏在通风凉爽之处。9月上旬天气转凉，可挑选粗壮有芽的球根上盆种植。种植球根数视盆大小而定，一般18厘米盆栽1～2个，21～24厘米盆栽2～3个，27～30厘米盆栽3～4个。盆面覆土宜稍厚，种后浇足水，约10天后即可萌叶。在施肥方面，可每隔10天左右施1次肥料，2月后要增施磷肥，以促使花蕾的萌生。10月下旬后气温降低，要移入室内向阳之处，春暖后，马蹄莲就可以绽放出洁白的花朵来了。

Q 马蹄莲品种主要有哪些？

A 马蹄莲通常有红花、黄花和银星马蹄莲。红花马蹄莲的植株一般较矮，叶片多呈窄戟形，佛焰苞为桃红色；黄花马蹄莲的叶片呈戟形，佛焰苞为黄色；银星马蹄莲叶片上有银白斑点，柄短，佛焰苞是为乳白色。除此之外，马蹄莲还有白梗马蹄莲、红梗马蹄莲、青梗马蹄莲、黑心马蹄莲等。

Q 马蹄莲应保持什么样的温度才合适？

A 马蹄莲比较适宜在温暖的环境下生长，不耐严寒，适宜的温度不得低于4℃，不得高于25℃。如果低于4℃或高于25℃都易造成植株休眠；如果在0℃时球茎就会被冻死。

Q 马蹄莲的叶心腐烂是为什么？

A 马蹄莲的叶心腐烂主要跟两方面情况有关：一方面是由于平时浇水不注意将水流入了叶心而导致的腐烂。另一方面就是施肥时误将肥液淋入了叶心，肥料使叶心发黄或腐烂，所以施肥时不但要在时间和施量上要注意，还要注意施肥本身。

• *Dieffenbachia picta*（拉丁名）

花叶万年青

★科属：天南星科、花叶万年青属

★别名：黛粉叶

★花期：6～8月

生长特征

花叶万年青为常绿灌木状草本植物，其茎干粗壮为绿色。叶子形状为叶片长圆形、长圆状椭圆形及长圆状披针形，多集生于茎顶，叶形较大，绿色叶片上有白色或金黄色的不规则斑块，鲜亮迥异于其他植物。花序柄短，佛焰苞长圆披针形，狭长，骤尖，观赏价值高。

养护管理

浇水：花叶万年青喜湿，3～8月为生长期，要多浇水。夏季需经常向叶面洒水，以增加环境湿度，有利于其茁壮成长。

施肥：每月可施1次氮肥，3～8月每2周施1次肥水，但不可过量，否则斑点会减少。

光照：花叶万年青喜弱光，可长期置室内栽培。忌烈日暴晒及长期直射光，夏季需遮阳，最好将盆花放在室内距朝南窗子1米左右处，或阳台及屋檐下较阴凉处。冬季可以放在室内向阳处，让其多接受些阳光。

介质：喜疏松肥沃、排水性良好的土壤。盆栽可选用腐叶土、草炭土、园土加少量河沙配合而成。

病虫害：病害主要有细菌性叶斑病、褐斑病和炭疽病危害，可用50%多菌灵可湿性粉剂500倍液喷洒。有时会发生根腐病和茎腐病等危害，除注意通风和减少湿度外，可用75%百菌清可湿性粉剂800倍液喷洒来进行防治。

繁殖：花叶万年青多用扦插法繁殖。于春季剪取10～15厘米长的嫩枝，插入湿润的素沙或珍珠岩中，在25℃下约1个月可生根；也可将茎剪成2～3厘米长、带有1～2个芽的插穗进行扦插，30～40天即可生根。

修剪：盆栽2年以上的植株，由于茎干较长，可结合整形进行修剪。

布置应用

花叶万年青幼株小盆栽可置于案头、窗台上观赏。中型盆栽可放在墙角、沙发边作为装饰，令室内充满自然生趣。除供观赏外，花叶万年青还具有清热解毒的功效。

养护问答

Q 为什么花叶万年青有“哑棒”之称？

A 因为花叶万年青是天南星科最毒的植物，而且全株都有毒，以茎毒性最大，其次是叶柄和叶；汁液与皮肤接触时会引起瘙痒和皮炎；若吞下一小块茎，口喉会极端刺痛，并导致声带麻痹，故有“哑棒”之称。所以最好不要刻意去接触花叶万年青，而且接触后要及时洗手，更要防止误食。

Q 花叶万年青为什么会有不同花纹，都叫花叶万年青吗？

A 花叶万年青有很多品种，分类大致如下：大王黛粉叶，叶面沿侧脉有乳白色斑条及斑块；暑白黛粉叶，叶面浓绿色中心乳黄绿色，叶缘及主脉深绿色，沿侧脉有乳白色斑条及斑块；白玉黛粉叶，叶片中心部分全部乳白色，只有叶缘、叶脉呈不规则的银色色块。

Q 花叶万年青为什么叶片会变白且粗糙了呢？

A 花叶万年青喜半阴环境，忌阳光直射，春、秋两季中午及夏季阳光强烈，必须遮阳，否则就会使叶片灼伤变白，还会变得粗糙。但是也不可以过阴，否则叶面的斑纹会减少，叶色变绿或枯黄，也会降低观赏价值。所以说室内栽培花叶万年青，除冬季要接受柔和的阳光外，其他季节宜避开阳光直射，置于散射光充足处。

Q 花叶万年青适宜的生长温度是多少？

A 花叶万年青的生长适温为25℃～30℃，白天温度在30℃，晚间温度在25℃，如此才能生长良好。可生长的温度范围， 在2月至9月为18℃～30℃，9月至次年2月为13℃～18℃。

Q 花叶万年青如何越冬？

A 花叶万年青喜高温、怕寒冷，一般10月份就要移入室内越冬了。温度要保持在15℃左右，其要求光照充足、通风良好的条件。温度低于10℃或过湿常引起落叶，甚至茎顶溃烂；光线过弱会导致叶片褪色。花叶万年青又喜高湿环境，冬季室内进行越冬的盆土以见干见湿为宜，不可过干，盆土过干会出现叶尖黄焦甚至整株枯萎，主要是因根系吸收不到水分所致。所以，冬季保持空气湿润即可。

Q 花叶万年青受寒后该如何处理？

A 冬季天气寒冷，花叶万年青受到冻害后，应该按受冻害程度不同，对症处理。

◎**微度冻害**：表现为叶面失去应有的光泽，叶片像失水样下垂。处理办法：将花叶万年青搬到温度较高的地方，使之逐渐恢复正常。注意在受害后温度不可骤升。

◎**轻度冻害**：表现为除下垂外，叶片还会发生开水烫伤样寒害类斑块。处理方法：将叶片上的寒斑剪去，将花卉搬到温暖的地方。

◎**中度冻害**：表现为叶片大部分出现寒斑，叶柄出现水渍状斑块并失绿。处理办法：连叶带柄剪去，并用草木灰或煤灰涂抹伤口，然后移至温暖的地方，适当控制浇水。

◎**重度冻害**：表现为嫩枝新叶失绿，呈现水渍状斑块，地下根系受寒而烂根。处理办法：要及时将植株挖起，切除地下部分，并剪去受害的枝茎，用草木灰涂抹伤口后，储藏于湿润的细沙中，开春后进行扦插即可。

• Dogbane oleander（英文名）

夹竹桃

★科属：夹竹桃科、夹竹桃属

★别名：柳叶桃、半年红

★花期：6～10月

生长特征

夹竹桃为常绿直立灌木。其分枝力比较强，多成三杈式生长，茎直立且光滑，老枝和嫩枝分别为灰色和绿色，顶生聚伞状花序，花冠粉红至深红色，花冠漏斗状，5裂，瓣上有皱，多为重瓣或半重瓣。叶表面和背面有浓绿色和淡绿色的区别，叶子轮生，革质，中脉明显，叶柄、花絮及全缘都为紫红色。

养护管理

浇水：在春秋两季，浇水一定要要干湿合宜，应常保持盆土湿润。夏季是生长和开花的重要时期，所需水分较多，可每天早晚各浇1次，并在叶面上进行喷水以保持常绿。当花谢要入室时，就要控制浇水，但切忌浇水过多。

施肥：夹竹桃比较喜肥，宜从出室到花谢每隔20天施1次稀薄的液肥，入秋以后则可改为每15天施1次肥水。

光照：夹竹桃喜光，生长期间宜放在阳光充足的地方养护，温度不低于0℃即可。

介质：对土壤要求不严，以疏松肥沃、通透性强的普通培养土为好。

病虫害：夹竹桃的病害主要有褐斑病、丛枝病、细菌性瘿疣病等，可以在发病初期喷洒多菌灵或甲基托布津等药剂。平时的害虫主要有夹竹桃紫蝶、夹竹桃蚜、橘棉蚧、褐软蚧、网纹棉蚧等，可以在幼虫期喷洒敌百虫或敌敌畏等药剂。

繁殖：夹竹桃以扦插繁殖为主，硬枝的扦插时间可选为4月初，嫩枝的扦插时间可选在6～7月。扦插时，剪取健硕的1年生枝条，截成15～20厘米长的茎段，将下部叶片剪去，先放入清水中浸泡催根一段时间，水的深度达到插穗1/3即可，每2天换1次清水，10天左右，

布置应用

夹竹桃除了可用于观赏外，还具有显著的强心利尿、发汗催吐和镇痛的功效。同时它还能净化空气，保护环境，对有害的氯气、氟化氢、二氧化硫、汞等有很强的净化力和吸收力，被称为“环保卫士”。

见到水浸的皮部出现白点时，将其插入细沙土中，半个月左右即可生根，1个月后即可移植。

修剪：夹竹桃每修剪1次，就会在茎节上生出3个新枝，所以，可以进行整形修剪，使得外观更加好看。

养护问答

Q 夹竹桃有毒，那么居室里养殖是不是就很危险呢？

A 夹竹桃是一种既可观赏又可改善疾病的有毒植物。其叶、茎都有毒，尤其茎叶中的汁液更是含有强心苷，误食后会引起头痛、头晕、恶心、呕吐、腹痛、腹泻等症状，严重时还会致命。此外，夹竹桃的气味闻得太久也会使人昏昏欲睡，智力下降。因此，不宜放在室内养殖，但可以在庭院里养殖。不过，并不是说夹竹桃碰不得，只有口服十几片叶子后才会中毒。当然，要作为药用时一定要在医生的指导下进行。

Q 如何剪出盆栽夹竹桃的“三杈九顶”？

A 如果想把夹竹桃修剪成三杈九顶，那可不是一次就能修剪成的。通常第一次修剪时，选留主干30～40厘米来打顶，以促其萌发侧芽，待新枝长至4～6厘米时，选择3个位置适当的粗壮枝条，此后再多浇肥水即可。第二次修剪宜选择在7月之间，但也要视植株的生长情况而定。可以在每个侧枝留10～15厘米来打顶，在侧枝上各选留3个分枝。一般情况下，经过如此修剪后，“三杈九顶”就会实现。

Q 不修剪夹竹桃，任其自由生长会出现什么样的情况？

A 夹竹桃是需要多次修剪的，如果平时不进行修剪，枝条就会长得特别细，老叶会脱落，下部会空虚，花、叶都集中在很高的顶端，树形就会显十分的难看。如果是盆栽养殖的话，不修剪会因为盆土的养分不够或者下面太空，花叶稀少，使得株形更加难看，根本就起不到装饰的作用。所以，一定要进行修剪，这样开满花的夹竹桃总是要比空空无花的漂亮。

Q 夹竹桃如何过冬？

A 冬季到来时，应将夹竹桃搬进室内，放在阳光充足的地方，室内的温度应不低于0℃，但也不宜过高，否则会使其养分过渡消耗，这样就不利于第二年的生长和开花。而且要控制浇水。

Q 夹竹桃何时换盆？

A 夹竹桃宜2～3年换盆1次，换盆宜在4月中旬、下旬出室时进行。换盆时要注意剪除烂根和过密根。

Q 夹竹桃能用除草剂进行除草吗？

A 夹竹桃苗木里发生禾本科杂草，可以用精喹禾灵、高效氟吡甲禾灵等专门防除阔叶作物田里禾本科杂草的除草剂来防除，而对混生的阔叶杂草没有效果。如果混有阔叶杂草可考虑配合使用二苯醚类等防阔叶的除草剂来防除，只是二苯醚类等防阔叶的除草剂对夹竹桃可能有触杀性药害，使用时要注意安全性的问题，也可以向当地有关技术部门咨询使用技术和方法。

• Mimosa pudica（英文名）

含羞草

★科属：豆科、含羞草属

★别名：感应草、呼喝草、怕丑草

★花期：7～10月

生长特征

含羞草为豆科多年生草本植物。茎蔓生，多分枝，植株散生着倒刺毛、锐刺；长柄，托叶披针形；叶羽状，2～4片呈掌状排列，小叶矩圆形，触之即闭合下垂；花多，头状，一般为粉红色；果荚扁形，边缘有刺毛，3～4节，每节2颗种子，成熟后自落。

养护管理

浇水：夏季上午、下午各浇水1次，其他季节2天浇1次。由于含羞草的根系小且浅，浇水过猛会导致根部松动而死亡，宜用细孔喷壶沿盆边慢慢浇水。

施肥：每年施稀液肥2～3次即可。

光照：喜光，即使冬天移入室内也应放在向阳的地方，保持10℃～12℃的室温即可安全越冬。

介质：以肥沃、疏松的沙质壤土为佳。

病虫害：基本无病虫害。如有蛞蝓，可在早晨用新鲜石灰粉防治。

繁殖：一般用种子播种繁殖，春季4月初开始播种。在播种之前，先将种子在35℃的温水中浸泡24小时，然后浅盆穴播，覆土1～2厘米，以浸盆法给水，保持湿润，在15～20℃条件下，经7～10天则可出苗，苗高5厘米时即可上盆。

修剪：盆栽含羞草一般不需要修剪。

布置应用

含羞草可布置在阳台等位置。除供观赏外，含羞草还具有安神、镇静、解毒、散淤、止痛等效用。

养护问答

Q 含羞草的有毒部位是哪里，药用时需要注意什么？

A 含羞草全株都有毒，草内含有含羞草碱、黄酮类等化合物。叶内含有似肌凝蛋白质的收缩性蛋白。人误食含羞草后，头发、眉毛有可能会突然脱落，所以要防止误食。虽然它具有诸多药用功效，但是用时务必要遵医嘱，且不可擅自使用，以避免出现中毒情况。

• Polyscias guifoylei bailey
（拉丁名）

福禄桐

★科属：五加科、福禄桐属

★别名：南洋森

★花期：8～9月

生长特征

福禄桐为常绿灌木。植株多分枝，叶互生，奇数羽状复叶，小叶3～4对，对生，形状为椭圆形或长椭圆形，边缘锯齿形。伞状花序，花型小。

养护管理

浇水：盛夏浇水要充足，每天需向叶面喷水1次，以提高植株周围空气湿度。秋末冬初，气温降至15℃以下时，则要控制浇水。冬季则应减少浇水量，保持盆土微润即可。

施肥：要求肥料充足，每半月施1次液肥。中秋过后，追施1次磷钾肥，以增强植株的抗寒性，入冬后则需停肥。

光照：忌强光暴晒，否则叶片有可能会被灼伤，但是它又需要光照，光照不足易造成茎叶徒长、叶色暗淡。夏季可放在北向或东向的窗前，冬季应放于室内光线较好处。

介质：培养土以肥沃的沙质土壤为佳。

病虫害：常见病害有叶斑病和叶、茎及柄腐病，要及时销毁病叶，并用药剂喷洒防治。虫害主要有介壳虫、粉蚧等，可用扑虱灵或者氧化乐果来杀灭。

繁殖：一般用顶插条或茎插条繁殖，有些也可用根插条进行繁殖。多在春夏25℃～30℃时剪取长约10厘米的插穗扦插，插床保持较高的空气湿度和水分，4～6周即可生根盆栽。

修剪：每年春季须修剪整枝，萌发新枝叶后会更旺盛；若植株老化应进行强剪，以促其枝叶新生，平时培养土要保持湿润。

养护问答

Q 福禄桐的有毒部位是哪里？

A 福禄桐的主要有毒部位是汁液。此汁液接触到人的皮肤后，可能会引发红疹；碰到口部则会引起咽部肿痛而无法吞咽。所以家庭种植时一定要特别注意，避免接触到其汁液，尤其不要让孩子碰到或误食。要将福禄桐放置在高处，比如窗台上，平时也应常叮嘱孩子不要误碰。

专题 浪漫花语全扫描

黄百合：衷心祝福

郁金香：爱的告白，真挚的情感

黑郁金香：神秘、高贵

紫郁金香：永不磨灭的爱情

粉郁金香：幸福

黄郁金香：拒绝，无望的爱

百合花：百年好合、心心相印

红百合：热烈的爱

勿忘我：浓情厚意，永恒的友谊

菊花：高洁、长寿

红掌：大展宏图

金鱼草：有金有余、繁荣昌盛

红金鱼草：鸿运当头

粉金鱼草：花好月圆

康乃馨：伟大、神圣、慈祥的母爱

红康乃馨：祝母亲健康长寿

粉康乃馨：祝母亲永远年轻、美丽

黄康乃馨：长久的友谊

白康乃馨：纯洁的友谊

满天星：关心，纯洁

蝴蝶兰：我爱你

马蹄莲：永结同心、吉祥如意

水仙：高雅、清逸、芬芳脱俗

黄金鱼草：金玉满堂

紫金鱼草：大红大紫

石斛兰：慈爱、祝福、喜悦

天堂鸟：热恋中的情侣

风信子：胜利

白风信子：不敢表露的爱

粉风信子：倾慕，浪漫

红风信子：让我感动的爱

黄风信子：幸福、美满

附录1

中国各直辖市、省会城市、自治区首府市花

城市	市花	城市	市花
北京	月季、菊花	西宁市	丁香
上海	白玉兰	贵阳市	兰花
天津	月季	沈阳市	玫瑰
重庆	山茶花	长沙市	杜鹃
香港	洋紫荆	石家庄市	月季
澳门	莲花	成都市	木芙蓉
台北市	杜鹃	长春市	君子兰
广州市	木棉花	南昌市	金边瑞香、月季
福州市	茉莉	哈尔滨市	丁香
杭州市	桂花	昆明市	云南山茶
南京市	梅花	合肥市	桂花、石榴
济南市	荷花	拉萨市	玫瑰
武汉市	梅花	南宁市	朱槿
郑州市	月季	银川市	玫瑰
西安市	石榴	乌鲁木齐市	玫瑰
太原市	菊花	呼和浩特市	丁香
兰州市	玫瑰		

附录2

世界各国国花一览表

国名	国花	国名	国花
冰岛	三色堇	葡萄牙	薰衣草、石竹
保加利亚	玫瑰	也门	咖啡
海地	刺葵	希腊	油橄榄
英国	玫瑰	芬兰	铃兰
斐济	扶桑	加拿大	糖槭
柬埔寨	水仙	伊拉克	红月季
以色列	银莲花、油橄榄	巴拿马	鸽子兰
意大利	雏菊、月季	爱尔兰	三叶苜蓿
俄罗斯	向日葵	哥斯达黎加	卡特兰
斯里兰卡	睡莲	萨尔瓦多	丝兰
哥伦比亚	卡特兰	罗马尼亚	白蔷薇
坦桑尼亚	丁香、月季	南非共和国	帝王花
沙特阿拉伯	乌丹玫瑰	阿拉伯联合酋长国	百日草
印度尼西亚	毛茉莉	缅甸	龙船花
埃及	睡莲	秘鲁	向日葵
法国	鸢尾	荷兰	郁金香
瑞典	铃兰	加蓬	火焰树
墨西哥	仙人掌、大丽菊	孟加拉国	睡莲
叙利亚	月季	阿根廷	塞波花
梵蒂冈	白百合	摩纳哥	石竹
苏格兰	蓟花	匈牙利	天竺葵
厄瓜多尔	白兰花	巴基斯坦	素馨花
洪都拉斯	康乃馨	马达加斯加	凤凰花、旅人蕉

（续表）

国名	国花	国名	国花
日本	樱花	澳大利亚	金合欢
韩国	木槿花	泰国	睡莲、素馨
印度	荷花	美国	玫瑰
智利	野百合	瑞士	火绒草
丹麦	椿菊	捷克	玫瑰
苏丹	扶桑	新加坡	万代兰
尼泊尔	杜鹃花	土耳其	郁金香
乌拉圭	商陆、山楂	朝鲜	杜鹃
奥地利	火绒草	马耳他	矢车菊
新西兰	银蕨	委内瑞拉	五月兰
危地马拉	白兰花	尼加拉瓜	姜花
波利维亚	向日葵	南斯拉夫	铃兰
埃塞俄比亚	马蹄莲	阿尔及利亚	夹竹桃、鸢尾
列支敦士登	黄百合	圣马利诺	仙客来
越南	莲花	伊朗	大马士革月季
古巴	姜花	巴西	毛蟹爪莲
德国	矢车菊	挪威	欧石楠
波兰	三色堇	加纳	海枣
菲律宾	毛茉莉	阿富汗	郁金香、小麦
利比里亚	胡椒	巴拉圭	西番莲、茉莉
西班牙	石榴花	卢森堡	月季
比利时	虞美人	利比亚	石榴
马来西亚	扶桑	巴巴多斯	黄蝴蝶花

索引1

索引2

朱顶红……128
卡特兰……130
兰草……131
紫罗兰……132
鸭掌木……133
散尾葵……134
茶花……135
八角金盘……144
珍珠草……145
佛手……146
金边瑞香……147
番石榴……148
罗汉松……149
柠檬……150
杜鹃……151
仙人球……154
虎尾兰……155
柠檬香蜂草……156
观音莲……157
郁金香……158

七彩千年木……159
小苍兰……160
弹簧草……161
铜钱草……162
蝴蝶兰……163
风信子……164
吊金钱……165
秋海棠……167
常春藤……168
彩叶凤梨……169
菩提树……170
薄荷……171
芦荟……172
巢蕨……173
金心巴西铁树……174
仙人掌……175
薰衣草……176
一品红……180
火鹤花……182
虎刺梅……184

图书在版编目(CIP)数据

居家花草健康事典 / 《好生活百事通》编委会编著. —北京：中国纺织出版社，2011.11
(好生活百事通系列)
ISBN 978-7-5064-7972-1
Ⅰ.①居… Ⅱ.①好… Ⅲ.①观赏园艺-关系-健康 Ⅳ.①S68②R161
中国版本图书馆CIP数据核字（2011）第211959号

策划编辑：尚 雅 胡 敏　责任编辑：胡 敏　责任印制：刘 强
美术编辑：范智新　装帧设计：车 芹 程 程 王 波

中国纺织出版社出版发行
地址：北京东直门南大街6号　邮政编码：100027
邮购电话：010-64168110　传真：010-64168231
http://www.c-textilep.com
E-mail:faxing@c-textilep.com
北京佳信达欣艺术印刷有限公司印刷　各地新华书店经销
2011年11月第1版第1次印刷
开本：635×965　1/12　印张：17.5
字数：250千字　定价：29.80元